中国

China
Food
Geographic

美食地理

艾 明

/

著

 中国轻工业出版社

食物，在文明体系中，一直都处于最基层的结构，支撑着整个人类的生存与发展。

食物的演化过程，同样也是一部波澜壮阔的大历史。

远古时期，人类主要的食物获取方式简单、原始：一是渔猎，即捕捉江、河、湖、海水域中的鱼类与狩猎飞禽走兽；二是采集，即采摘收集陆地上植物的浆果、根叶、块茎等。

随着农业革命的发生，人类逐渐熟识野生作物的生长周期，开始驯化、培育它们。不同国家和族群，以各自的智慧，形成千姿百态的食物系列，同时经由各种路径流通、传播、改进、共享。

在中国两汉两晋时期，胡桃、胡豆、胡椒、胡萝卜等果蔬通过西北陆路引入中国，菠菜由尼泊尔引入中国。

15世纪，欧洲大航海时代，东方的香料和西方的农作物漂洋过海，在各个大陆之间传播开来。

中国明清时期，玉米、土豆、番薯、番茄、花生、向日葵、菠萝、豆薯、木薯、南瓜、辣椒、菜豆、利马豆、西洋苹果、番荔枝、番石榴、油梨、腰果、可可、西洋参、番木瓜、陆地棉、烟草等美洲作物传入了中国。

农作物的这场"全球化运动"，彻底丰富并改变了人类的口味和饮食习惯。

食物链的丰富多样性，同时也推动着美食文化的发展，各地逐渐形成了不同的派系菜品，烹饪的手法也五花八门。人们通过炒、烩、炸、烤、蒸、炖、烧、焖、煨等烹饪手法，调制出麻、辣、鲜、香、脆、糯等各种口味。

大数据显示，如今几乎所有人都比祖先要消耗更多的食物热量，平均每天超过500卡路里。在全球统计报告中，大多数国家在农作物方面的食物供应多样性得到了提高。

如同人类社会一样，在气候变化、人类影响等各种因素交替作用下，不同类别的食物也呈现出沉浮兴衰的命运曲线。

如今，世界上接近70%的全球消耗植物是"外来者"：它们来自于地球遥远的地区。在过去50年中，国家级食用作物的"移民"趋势大大增加，小麦、大米和玉米在全球的食物供应量中占据最重要地位。

然而，出乎意料的是，全球化最大的赢家却是大豆、棕榈、向日葵和油菜，它们由区域作物发展成为全球热量和脂肪的主要贡献者。而传统谷物如高粱、黍、黑麦，以及淀粉根类作物如木薯、番薯和山药，则逐渐被边缘化。

我们每个人都只生活在世界的一个角落，却享受着全球化的成果。

食物的演变和交流史，也是人类文明历史进程的一个缩影。

《中国美食地理》系列文章，聚焦人文地理，旨在通过地道食材风物，探寻美食、食材与人类及自然的关系。

知来处，明去处。如果我们的读者因此略悉天道，了解人类是自然的结果，也是自然的一环，因而懂得珍惜和感恩，更懂得欣赏生活中遇到的美，如此足矣。

《中国美食地理》所以成书，得益于中国轻工业出版社龙志丹和王晓琛两位老师的努力和付出。

另外，还要感谢壹宅壹院公众号的特约作者陈焰，撰写了书中《国家柿子地理》一文，深谙壹宅壹院"宏观视野，微观角度，生活美学，人间烟火"的品牌定位精髓，为我们的美食地理系列增添了光彩。

艾　明

目录

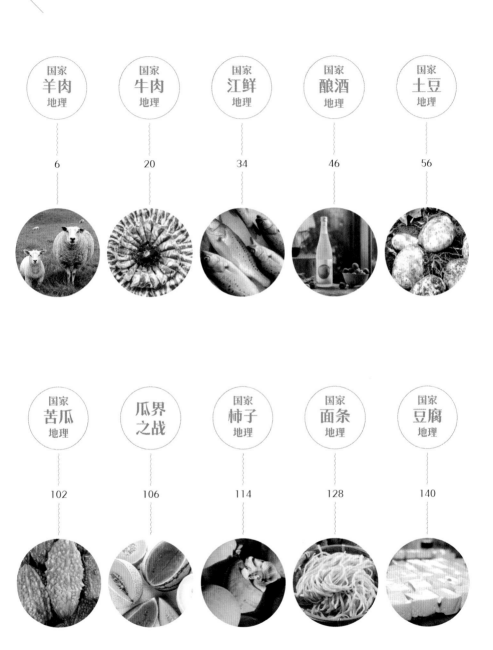

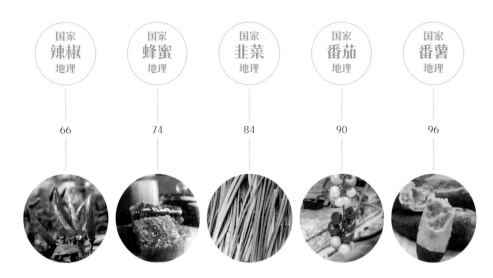
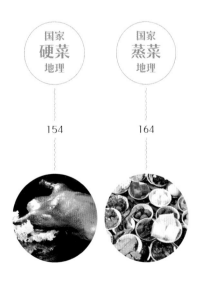

国家
羊肉
地理

中国地大物博，羊群众多，
造就了源远流长的羊文化。

牧场（图1—3）

　　古人很早就把很多美好的事物打上了羊的印迹，汉字中的"美"是形容羊大肥美。《说文解字》载："美，甘也，从羊从大。"对美食的崇拜，是华夏先民审美意识萌生的源泉。从中国人一直追崇的"善"和"義"（义）中，也可以看到"羊"的身影。《诗经》用羔羊比喻品德高尚的卿大夫。羊性好群。合群，是羊的一个重要特性。"谁谓尔无羊，三百维群。"由此产生"群众"，体现了中华民族注重群体的特征。西汉大儒董仲舒有云："羊，祥也，故吉礼用之。"

　　羊一直都是人类的好伙伴，它不仅是游牧民族主要的生活及财富资源，也是农耕社会富裕的符号，还被华夏先民选作祭拜祖宗的祭祀用品，进而被人们赋予了情感层面的意义。

大漠牧羊　　　　　　　　　　云端上的牧场——新疆琼库什台村

千百年来，羊肉已经成为中国人日常生活的重要组成部分，通过各种方式进行精心加工的羊肉，在满足华夏先民味蕾的同时，也逐渐成为一种文化基因，渗透到每一个国人的精神世界里。

中国牧羊区域极为广袤，从北方的草原、荒漠往南一直延伸到华北平原、江南丘陵、云贵高原乃至地处亚热带的海南岛。

据文献记载，公元前3000年活跃在黄河流域的伏羲氏、神农氏部落，就是驯服犬、羊、牛的族群。

商、周时期，中国的养羊业已十分发达。据卜骨记载，仅仅因为族人发生了耳鸣这种微不足道的小事，一次就用了158只羊当作祭品，可见当时养羊的规模。

先秦时期，吃羊肉成为一种尊贵身份的体现，是王公贵族才能享有的特权。秦朝统一中国后，社会生产力得以发展，羊肉价格随着产量增加逐渐降低。

南北朝时期，大量少数民族进入中原地区，因战争损失了大量的人口和耕地，羊肉便成为普罗大众餐桌上的日常菜肴。

如果按照人均出栏量，中国牧羊最多的地区依次是内蒙古、新疆、西藏、青海、宁夏，数量上要甩开排在后面的省份如河北、山东、贵州一大截子。

中国羊品类繁杂，有绵羊、山羊、黄羊、羚羊、青羊、盘羊、岩羊等，但主要谱系还是分绵羊和山羊两大类别。中国的绵羊分属蒙古羊、哈萨克羊、藏羊三大系统。山羊则以黄淮海区域分布较多。绵羊与山羊虽然同称为羊，却是同科而不同属的动物，它们之间不能交配产羔。

内蒙古牧场

绵羊。身材丰满，体毛绵密，性情温顺，胆小合群

山羊。勇敢活泼，敏捷机智，喜欢登高，善于游走，属活泼型小反刍动物，爱角斗

新疆牧场（图1、2）

在经验丰富的食客们看来，山羊肉质粗糙，普遍被认为远不如绵羊肉细嫩。什么地方出好羊，整体看法却出奇地一致：最好的羊不是出产自水草丰茂的草原，甚至越是水草丰美的地区，羊肉的风味就相对越差，最好的羊往往都产自半荒漠化的草原。

在内蒙古，锡林郭勒盟羊声名在外，但在锡盟内部，西北部的苏尼特羊也很出名。在苏尼特羊中，西苏（苏尼特右旗）和东苏（苏尼特左旗）相比，荒漠化和戈壁草原地貌的西苏产的羊会更胜一筹；东苏挨着阿巴嘎旗，这一路向东是水草丰茂、景色宜人的呼伦贝尔大草原，羊肉味道则略差。

新疆人也普遍认为，南疆的羊比北疆阿尔泰地区和天山北坡草原的羊更美味一些。天山南北降雨量差距很大，北疆山地草原有北冰洋水汽进入，降雨量与内蒙古东部相当，而高山环绕的塔里木盆地是最干旱的地区。由于气候和地貌等因素的多重影响，形成了羊的不同品类与风味。很多人心目中中国最好吃的宁夏滩羊，同样也是生活在非常干旱的半荒漠化地区。

环境严酷的半荒漠戈壁地区，羊需要储存更多能量，通常水分含量更少、干物质更多，因此风味更为浓郁。但在水草丰美、食物充足的地区，羊没有存储能量的必要，风味物质含量低，故评价相对较差。

植物的神奇作用

　　人类迷信食补，同样也相信食用多种野草的羊更好吃。一些牧民认为，一平方米之内草的种类达到11种以上，才是好草原。同一类草大片蔓延的地区，看起来很美，但往往不受羊和牧民的欢迎。如果草原上伴生着贝母、党参、甘草、沙葱等珍贵的中草药类植物，那么更能提升羊肉的口感和品质。

贝母。多年生草本植物。其鳞茎供药用。《本草经集注》："形似聚贝子"，故名贝母。具止咳化痰、清热散结之功效

党参。多年生缠绕草本植物。全株有白汁，花钟状，淡黄绿色带紫斑。因多产于山西上党，故名。根圆柱形，入药有补中、益气、生津等作用

甘草。豆科，多年生草本植物，《神农本草经》："甘草，味甘，平。主五脏六腑寒热邪气；坚筋骨，长肌肉，倍力；解毒。久服轻身延年。"

沙葱。又名蒙古韭，叶和花能食用，开胃消食，也是一种优良的牲畜饲料。目前已经可以人工种植

中国哪里的
羊肉
最好吃？

由于自然条件的差异，中国每个地方的羊肉都不一样，做法自然也不同。羊肉没有哪里的好坏之分，有没有膻味也不是标准，只要你喜欢了，就好。标准答案也有一个，大多数中国人心目中最好的羊都是产自他们的家乡。

宁夏盐池滩羊

盐池县具有得天独厚的天然地理环境，盐池地区野生草药有20余种，盐池地区的水域富含无机盐，滋养滩羊成为中国公认的优质羊肉。滩羊肉色泽鲜红，脂肪乳白，分布均匀，含脂率低。肌纤维清晰致密，有韧性和弹性，外表有风干膜，切面湿润不沾手。

甘肃民勤的大漠羊

民勤县位于甘肃省西北部，东、西、北三面被腾格里沙漠和巴丹吉林沙漠包围。民勤牧区生长的偏碱性草本植物种类繁多，沙漠气候与天然水草造就了羊肉独特的醇香。这里的大漠羊膻腥味轻、蛋白质含量高，风味浓郁而鲜美可口。

新疆阿勒泰大尾羊

阿勒泰大尾羊有一个滚圆肥大的尾巴，特别引人注目。新疆的牧草中有很多中草药，比如党参、贝母、甘草、沙葱等。羊群可以吃到上百种植物，还能在低洼处喝到无污染的泉水，所以新疆的羊肉真不是浪得虚名。

内蒙古羊

内蒙古高原海拔1000多米，地势起伏微缓而辽阔，明显的四季变化适宜禾本科、菊科植物的生长，从而造就了"天苍苍野茫茫，风吹草低见牛羊"的大草原，草原上的羊经常吃野韭菜、沙葱，自己就把膻味化解掉了，因此这里的羊肉吃起来多汁味美、不膻不腻，叫人上瘾。

贵州黔北麻羊

黔北地区海拔高差大，因此垂直温差也很大，生长着种类繁多的天然牧草，其中还有紫花苜蓿、柴胡等多种中草药材。这里放养的山羊不仅没有膻味，吃了还不上火。

陕北榆林羊

榆林位于中国陕西省的最北部，黄土高原和毛乌素沙地交界处，在黄土高原沟壑之间成长的山羊，特别喜欢吃一种叫"百里香"的地椒香草，因此榆林山羊肉质鲜美、香而不膻。

中国人怎么吃羊？

羊肉，对中国美食界的影响力颇为深远。各地的大厨师们以羊为食材，为国人带来了味蕾上极为丰富的审美体验。

溯源起来，内蒙古本地菜式是手把肉和烤羊，当为正经的内蒙古料理。

烤全羊是蒙古族人在重大节日、庆典，或者招待贵客时才会上的名菜，是一道绝不可错过的美食。

烤全羊一定要选择膘肥体壮的一二周岁的小绵羊羔，在羊肚子里加入调料，然后将整只羊架在火上烘烤，烤的时候要不断翻转，确保烤得均匀，这期间在表面刷酱油、糖浆、香油等，一直烤上三四个小时，直到羊肉色泽金黄、外焦里嫩、皮脆肉鲜，吃起来肥而不腻，极其美味。此外，锡盟苏尼特的羊选好部位，用清水煮熟略加盐，配好蘸料就可以开吃了，以清简而得天下人广为称道。

冰煮羊是最近大热的吃法。冰煮羊的肉片堆放在白色的瓷盘里，鲜红的肉和白色的瓷盘对比鲜明，好似雪后初晴，旭日斜照，美不胜收。由于鲜羊肉经过冰的接触会收紧，后续的加热又会胀开，因此，较以往薄薄肉片直接在沸汤中涮煮，肉质更加爽滑可口。

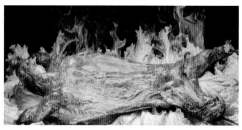
烤全羊

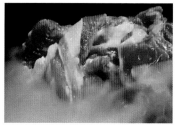
冰煮羊

宁夏羊肉菜式以炖为主，常辅以土豆做配菜，土豆最后溶于汤汁中，绵绵面面的，咂一口美味无穷。

青海的羊一般为藏系羊，其中草膘羊和育肥羊广为人知。提起青海名吃，"手抓羊肉"自然要名列前茅。手抓羊肉的做法是把带骨的羊肉按骨节拆开，放在大锅里不加盐和其他调料，用原汁煮熟。吃时一手抓羊骨，一手拿刀剔下羊肉，蘸上调好的作料吃。

　　三秦美食之一的西安羊肉泡馍，是陕西美食文化最集中的体现。据说正宗的做法无论是羊汤还是面饼都极其讲究，从动手制作到端上桌要经过近百道工序。家常做法相对简单：把羊肉切成大块后放在锅内，加葱、姜、八角、胡椒粉等各种调味料熬煮三四个小时，直到肉汤熬成奶白色，然后放入木耳、黄花菜、粉丝、腐竹等配菜，快起锅的时候加盐，再煮半个小时就可以了。馍可以手掰也可以用刀切成小丁，加上小葱、香菜，用羊肉汤泡过就可以吃了。

甘肃

　　甘肃也是羊肉烹饪大省，羊也是甘肃主要的家畜之一。甘肃的东部也有许多滩羊，适合爆炒，最美味的还是靖远羊羔肉。羊羔肉富含营养，具有高蛋白、低脂肪的特点，肉质鲜嫩多汁、无膻不腻，成为当地人食用的首选。

北京

　　涮羊肉是老北京人每年冬天必吃的美食。大铜锅的锅底十分简单，只要清汤，或者最多加一些葱段、姜片、红枣和枸杞调味，但调料极为讲究，有辣椒油、酱油、味精、醋、芝麻酱、花椒油、香菜、韭菜花、腐乳、麻油等原料。锅开了，把羊肉片和牛肉片在锅里一涮，稍一变色就得捞出来蘸着酱料吃，极其鲜美，再配上一个麻酱烧饼，几瓣糖蒜，从里到外都吃得暖洋洋的。

　　单县的羊肉汤是鲁菜中的一道经典传统美食，早在19世纪初期就已经创立并流传至今。单县出产青山羊，这种羊肉质细嫩，膻味小，熬出的羊肉汤呈现乳白色，鲜味爽口，肥而不腻。

　　单县羊肉汤的做法和西北羊肉汤类似，不过在作料的选择上更丰富，要加入葱、姜、白芷、肉桂、草果、陈皮、杏仁、花椒等，羊肉汤出锅后，还要在碗里加上蒜苗末、香菜、辣椒油等。

河南

　　羊肉炕馍是河南开封的著名小吃，很多游客到了开封都一定要品尝这道美味。具体做法就是在薄薄的白面饼中间裹着羊肉末和酱料（葱末、盐、孜然等），然后用羊油烤制而成，面饼吃起来很有嚼劲，肉味鲜香细腻，趁热吃有一股烤馍的焦香味。

四川

　　简阳羊肉汤在巴渝地区家喻户晓，已经有1000多年的历史。简阳羊肉汤的做法是将羊肉和羊杂放入由羊骨头和猪骨头一起熬制的高汤中煮熟，并在空碗中放入辣椒油、花椒粉、盐、味精、葱花等调味料，将煮好的羊肉连汤一起倒进装了调味料的空碗中即可食用，喝上几口热辣辣的羊肉汤，冬天的寒意立刻被驱散了。

江苏

　　江苏地区的明星羊是湖羊，虽说有很重的膻味，但是肉质很细嫩，而且南方人在羊肉的做法上非常多样，比如白烧羊肉、羊肉汤、冻羊糕等。藏书羊肉在江浙一带相当出名，可以说"风靡江南"，苏州木渎镇因此被中国烹饪协会评为"中国羊肉美食之乡"。

羊肉汤

冻羊糕

上海

　　上海的羊肉多来自江苏的藏书羊肉，或者是上海崇明岛出产的白山羊。红烧的做法既符合上海人喜欢酱香菜肴的口味，又可以适当消除山羊肉的膻味。红烧羊肉选用的是羊腿肉，先用大火炒到变色，然后放黄酒、酱油、冰糖等小火慢炖，出锅后的红烧羊肉色泽深红、皮肉相连、肉质鲜嫩软糯，甜咸适中，让人极有食欲。

云南丽江

　　凡是去过云南丽江的人，都对当地的黑山羊赞不绝口，这是生活在高原地区的一种肉质鲜美的羊。黑山羊肉可以和萝卜一起炖羊肉汤，也可以做滇式红烧羊肉，最受欢迎的还是黑山羊火锅。厨师会用羊骨头、羊肉和草药做汤底，然后端上各种涮料，包括羊肉、羊蹄、羊腰、羊杂等，在高汤锅中简单一涮，就可以蘸着酱料吃了。黑山羊火锅、腊排骨火锅以及斑鱼火锅是去丽江一定不能错过的三道火锅美味。

贵州

　　羊肉粉在贵州随处可见，遵义的羊肉粉更是闻名全国，选用的大多是贵州当地的矮脚黑山羊，用新鲜的羊肉搭配爽滑的米粉，淋上热气腾腾的羊汤，再加上各种调味料和辣椒油以去除羊肉的腥气，肉汤鲜美，羊肉细嫩，肥瘦适中，米粉香滑，具备十分完美的口感。

在广东，人们喜欢吃红焖羊肉，当然还有红焖羊腩、焖羊肚、焖羊排等。红焖羊肉通常都少不了腐乳和支竹。经过酱料焖制的羊肉，再蘸一点儿腐乳，腐乳的酱香给浓香的羊肉起到了画龙点睛的作用，使得羊肉的口感更加丰富。

西藏

酥油、茶叶、糌粑和牛羊肉干被称为西藏饮食的"四宝"。青藏高原气候寒冷，所以牛羊肉作为御寒神器被广泛食用。在藏区很多人有吃生肉的习惯，家家户户的帐篷外都可以看到风干的牛羊肉（主要是牦牛肉和绵羊肉），肉质松脆有嚼劲，吃的时候可以蘸着辣椒粉和盐，口味非常独特，是只有在高原才吃得到的特色。西藏最著名的干肉产在羊卓雍措湖边，称为"羊卓干素"。羊卓雍措丰富的野生植被及略含盐分的湖水供羊生长，风干肉里有一股天然的淡淡盐渍味，口感极佳。

海南

海南的东山羊从宋代开始就享有盛名，曾经还是朝廷的贡品，是海南的四大名菜之一，当地的山羊做法很多：红焖羊肉、清炖羊肉、药膳羊肉、椰汁羊肉、白切羊等，各具特色。

虽说南方的山羊比北方的绵羊膻味重很多，不过东山羊的肉相对偏北方羊的特点，肉质肥嫩，膻味较轻。这道干煸东山羊选用带骨带皮的山羊肉，先在沸水中烫至八成熟，捞出后再在油锅中炸成金黄色，然后在放了各种调味料（葱、姜、蒜、八角、桂皮、腐乳、料酒、胡椒面、味精、酱油、糖等）的油锅中翻炒而成。

山西

发源于山西北部的羊肉烧卖，是一道南北通吃的美食，因为当地养殖的都是山羊，肉筋、肥肉少，适合用来做馅料，当地人在擀烧卖皮时用了和擀饺子皮不一样的手法，烧卖皮的边缘部分不用擀而是用压，这使得它能够充分吸收羊肉的鲜美。

新疆

新疆烧烤（图1、2）

羊肉抓饭　　　　　　　　烤包子　　　　　　　　烤羊腰

新疆的风物总是不同寻常，从东疆哈密的巴里坤羊到西边塔城的巴什拜羊，从北疆阿勒泰的大尾羊到南疆环塔里木盆地周边的碱滩羊、荒漠羊，可以说是不胜枚举。

新疆羊肉尤以烧烤名满天下。除了烤肉，还有孜然羊肉、手抓饭等，菜式用料多洋葱、孜然、番茄等。

羊肉抓饭算得上是新疆的招牌之一，抓饭里面一般是羊排，再加上胡萝卜与洋葱，最后撒上葡萄干就行。

无论是最普通的烤串，还是红柳烤肉、架子肉、馕坑肉，新疆人都能做成羊肉中的极品。烤包子，大块羊肉和洋葱做成馅，放在炭火上烤熟，外脆里嫩，别有风味；羊头肉则是羊头用盐水煮烂后配上酸辣蘸料，但它们仍然不是南疆最美味的羊肉。

站在新疆烤肉花魁榜上的，是烤羊腰！一块羊肉，一块羊油包裹的羊腰，一块羊肉，再一块羊油包裹的羊腰……完全不用任何腌料，只在烤熟之后略微撒上一点盐和孜然。咬下去，羊油让羊腰变得丰腴多汁，羊肉肥嫩鲜香，混合出一股活泼的鲜甜，荡漾在食道里，令人久久回味，难以将息。

国家
牛肉
地理

一块鲜美的牛肉，
可以在你的舌尖再造一个世界。

内蒙古牧场（图1、2）

在人类日常喜食的三大肉类中，相对于猪肉和禽肉来说，牛肉似乎是一种更高级的存在。

无论是水浒里的绿林好汉，还是金庸武侠中的江湖豪客，在酒楼饭肆坐下，刀剑往桌上一拍，都要吩咐店小二："打一壶酒，上两斤牛肉来！"

国家培养运动员，牛肉也是膳食中的主角。仿佛唯有牛肉，才能够补充强大的能量，让他们在竞技场上牛气冲天。

牛在中国

牛，作为群居动物，其祖先为原牛。

中国从南到北的广袤原野，曾经是野生原牛驰骋的疆场。在山西大同、安徽淮北和东北平原等多地的考古发现中，都曾发掘出万年前的野生原牛遗骨。

大约8000年前（新石器时代），原牛被人类驯化成为家畜。农耕时代，家牛不仅是人类主要的畜力来源，还为人类源源不断地提供肉食、奶品和皮革等生活资源。在人类的文化中，牛被视作忠诚、勤劳的象征。中国的十二生肖中，牛是位列第二的吉祥物。当子夜时"鼠咬天开"之后，"地辟于丑"，牛就是人类混沌初开时辟地的功臣。

石器时代，牛骨也是原始人坚硬的工具和武器。古代中国的卜者用火灼烧龟甲、牛肩胛骨并观察裂纹来进行占卜，刻在上面的卜辞则被称为甲骨文。

在中医的药匣里，牛胆、牛蹄、牛肾、牛黄、牛鞭、牛血都是救死扶伤的宝物。现代医学上，从牛的胰脏中可提取胰岛素；牛肝提取物则有减弱肝脏细胞损伤的能力；牛脾脏提取物也具有治疗再生障碍性贫血、肿瘤等病症的功效；牛脑垂体则可提取出生长素、抑制素、催乳素等；牛骨可作为人骨替代物进行修补手术……

如今，地球上生存着13亿多只家牛，遍布除了南极洲以外的每一块大陆。巴西、美国和中国为世界上拥有家牛数量最多的三个国家。

肉牛界的三国演义

一方水土养一方牛。黄牛、水牛和牦牛各为派系，三分天下，形成中国肉牛界的三国演义。

黄牛饲养地区几乎遍布全国，它们既耐风寒也耐酷暑，无论是在水草丰美的绿野，还是在植被稀疏的荒漠，都能生长得膘肥体壮，在中国的饲养头数位居大家畜或牛类的首位。八百里秦川、南阳盆地、鲁西平原、晋南盆地和延边朝鲜族自治州，因特有的山区丘陵地、河滩河谷地带

黄牛

和农耕田野地貌，给草食家畜提供了大量优质的饲料、饲草及放牧地，成为中国的五大著名黄牛蓄养区域。

水牛为中国水稻南部产区的重要役畜，苏北的海子水牛、河南的信阳水牛、湖南的滨湖水牛、四川德昌水牛、云南德宏水牛都属于很有势力的地方派系。不

过中国人对水牛的利用还多限于使役，较少取
食水牛乳，只有老残水牛才会被屠宰作肉食。

水牛

牦牛是以青藏高原为中心，及其毗邻高
山、亚高山高寒地区的特有珍稀牛种。中国是
世界上拥有牦牛数量和品种类群最多的国家，
约占世界牦牛总数的95%，占中国牛只总数的
1/6。

黄牛肉、水牛肉和牦牛肉，哪一种更好
吃？这是一个见仁见智的问题。一般说来，黄
牛肉脂肪均匀、肉质细嫩，更讨大多数人的欢
心。水牛肉筋道、含脂量低，比较适合血糖高
的人群。牦牛肉纤维粗疏，但富含氨基酸，味
道也更浓郁。

牦牛

草牛、谷牛之争

天苍苍，野茫茫，风吹草低见牛羊。在大多数人的认知中，天然草场牧养的牛
肉一定是上乘佳品，应该比养牛场规模化蓄养出来的牛肉更加美味、安全和健康。

然而事实却要复杂得多。一般来说，所有初生牛犊的成长都是从母牛乳汁
喂养开始的，断奶后才用牧草喂养，达到一定的体重标准后，将被选择是继续
喂养牧草还是喂养谷物。

草饲牛主要在牧区生长，喂食天然新鲜的牧草，饲养时间相对较长，直到
他们达到成熟期（通常为30~36月龄）。草饲牛肉质精瘦细嫩，脂肪含量低，
味道浓郁，肌肉纤维丰富，口感更具韧性和嚼劲。

谷饲牛是幼牛送进饲养场后喂食谷物饲料，使其尽快育肥成熟（通常为18~24
月龄）。为了确保营养均衡，谷物饲料内含有大麦、小麦、高粱、玉米、燕麦等成
分。谷饲牛的脂肪含量较高，脂肪均匀分布在肌肉组织中，这就是我们常说的大
理石花纹或油花。谷饲牛肉质鲜美嫩滑，可以提供更丰富的味觉体验。

另一个颠覆大众认知的事实是，通常我们所吃的牛肉并非产自天然草原牧
场。因为生长缓慢，以内蒙古、新疆等传统牧区为主的西北区域，牛肉产量只

占全国的15%。加上草原退化逐年加剧，这些产区的牛肉能满足当地的肉食消费需求就算不错了。

此外，地处北温带的中国草原牧场，牛羊等家畜冬、春两季只能采食枯草，其营养价值已经大幅下降。传统的散养放牧方式正逐渐发生变化。牧民也开始把牧草、秸秆在厌氧条件下调制成青贮饲料，再搭配上玉米、麸皮和浓缩饲料喂养牛群。

20世纪80年代，河南、山东和东北等地区开始大规模养殖肉牛，产量迅速超越了传统的西北牧区。因为在喂养过程中增加了豆饼、玉米等高热量谷物类精饲料的比重，在增重的过程中也增加了牛肉的脂肪含量，使得牛肉的口感大为改善。此外，中原和东北这些产牛大省不断引进国外良种肉牛，杂交改良品种，同时通过科技手段精确控制牛的生长速度、环境、温度和屠宰方式，使中国的牛肉产量和品质得以大幅度提升。

尽管如此，对于中国这样一个世界人口最多的国家来说，要满足大众对牛肉的热爱，本土产量还是远远不够的。2018年，中国进口牛肉产品超过一百多万吨，一跃成为全球最大的牛肉进口国。

中国人天生热爱美食，对极致生鲜食材的不懈追求，已经成为人们生活中一场旷日持久的信仰。

地理环境的多样性，造就了中国丰富多彩的牛肉美食文化。各个地区的人民群众结合本地食材、风俗，经过一代代人的探索、创新与传承，炖牛肉、酱牛肉、烤牛肉、牛肉丸、牛肉汤、牛肉干、牛肉面、牛肉火腿成为八大类代表性牛肉美食，有咸有香，有鲜有辣，各具鲜明的地方特色。

东北地区

科尔沁肥牛

内蒙古通辽市地处著名的科尔沁草原地区，是中国最理想的天然牧场之一，素有"黄牛之乡"的美誉。优良的牧草，充沛的阳光、雨水，自然放养的方式，以及悠久的畜牧历史，使鲜嫩的科尔沁肥牛名扬天下。

通榆草原红牛

吉林通榆县地处科尔沁草原东部，境内平原、湿地、草原和沙地交错，具有大规模饲养大型家畜的气候与环境资源优势。中国草原红牛是通榆培育的一个肉乳兼用型优良品种，肉质鲜嫩可口，风味独特，营养价值极高，被誉为"草原红珍珠"。

法库牛肉

辽宁法库县有着"三山一水六分田"的天然格局，从明朝起就被确定为御用牧场。法库牛肉色泽鲜红，大理石花纹分布均匀，肉质鲜嫩，营养丰富，不仅成为东北三省各大城市酒店、饭店的首选食材，还远销日本、韩国和俄罗斯等地区。

延边牛肉

延边朝鲜族自治州养牛历史近200年，延边黄牛作为中国五大地方优良牛之一，是中国畜禽基因库中一份极其珍贵的"财宝"。延边黄牛肉质细嫩，汁多味美，营养丰富，与日本和牛、韩国韩牛同宗同源，可以媲美世界顶级的牛肉食材。

延边人对烤牛肉独具手法，他们将新鲜牛肉切片，加冰醋、朝鲜族酱油、蒜末、洋葱泥、番茄泥、白糖、胡椒粉、味精、香油拌匀腌制，另备海鲜酱油、辣椒末、白糖、白醋、香菜末、大蒜等调味品分装于小碗，将炭火炉放在桌子中央，上置铁箅子，用筷子夹着牛肉片放在箅子上烤，蘸调料后吃起来香气四溢，经久不绝。

东北人经常炖上一锅最普通的家常菜：土豆烧牛肉。牛肉经过耐心的小火慢炖后特别香醇，土豆吸收了汤汁中浓郁的肉香后变得绵软酥烂。老婆孩子热炕头，再加一盆土豆烧牛肉。纵然屋外大雪纷飞，心头上却洋溢着富足的暖意。

延边烤牛肉　　　　　　　　　土豆烧牛肉

西北地区

青海大通牛肉

　　青海的草原，一眼望不穿。大通牦牛生产于青藏高原海拔3000米以上的天然牧场，是世界上人工培育的一个牦牛新品种，继承了野牦牛的遗传基因。大通牛肉色泽棕红，肌纤维清晰，口感有一定韧性，嚼后留香，具有蛋白质含量高、矿物质含量丰富、氨基酸及维生素种类齐全等特点。

宁夏泾源牛肉

　　宁夏泾源县地处宁夏六盘山东麓，属温带半湿润森林草原气候。远至西周、春秋时期，这里就已牛马成群。泾源黄牛肉呈樱桃红色，脂肪呈乳白色，富有弹性，肉质鲜嫩低脂。

甘肃平凉牛肉

　　甘肃平凉不仅有著名的崆峒山，还有与众不同的"红牛宴"：整桌宴席全部由"牛"加工而成，从牛唇（嘴）到牛尾，从牛眼到牛蹄，从牛肉到牛骨直到下水等，再辅以五谷杂粮，从色、香、味、形、名、烹、器循序编排，非凡绝伦。

新疆牦牛

　　新疆牦牛主要分布在天山南麓的阿尔金山、昆仑山、帕米尔高原等地海拔2400~4000米的高山地带，中心产区在和静县的巴音布鲁克。

　　兰州牛肉拉面，有"汤镜者清、肉烂者香、面细者精"的独特风味，以及"一清二白三红四绿五黄"的特色：一清（汤清）、二白（萝卜白）、三红（辣椒油红）、四绿（香菜、蒜苗绿）、五黄（面条黄亮），在南北食界闯下一片天地。

长安香酥牛肉饼，起源于唐代，距今已经有一千多年的历史。著名诗人白居易《寄胡饼与杨万州》一诗中写道："胡麻饼样学京都，面脆油香新出炉，寄与饥馋杨大使，尝看得似辅兴无。"诗中的胡麻饼指的就是现在的"香酥牛肉饼"。

西安腊牛肉是陕西传统的名小吃之一，也是家里来客人之后必备的菜肴。外地人到西安后除了吃羊肉泡馍，离开的时候一定得带上制作考究、香醇可口的腊牛肉。

新疆巴音布鲁克草原

兰州牛肉拉面

华北地区

河北大厂自古就是皇家牧场，畜牧产业历史悠久，居住在这里的回汉民众尤其擅长牛羊饲养、贩运和屠宰加工。大厂肥牛色泽鲜艳，颜色柔和，呈大理石花纹，口感细嫩多汁，入口绵润，回味无穷。

和顺县是山西第一肉牛养殖大县，牧草以禾本科、豆科间杂其他植物的"五花草"植被为主。和顺肉牛高大结实，肌肉发达，毛色光亮，为红黄白花。和顺牛肉富含蛋白质及多种矿物质，营养价值高，且易于烹饪，风味独特。

保定白家牛肉罩饼，选用内蒙古牛肉，选其中肋作为主料，用百年老汤秘制加工，成菜色泽红润，肉质肥嫩，香气扑鼻，越嚼越香，味道鲜美。荷叶饼松软适口，经百年老汤一勺一勺加热罩透，撒上香葱，吃起来色、香、味三绝。

华东地区

鲁西黄牛

鲁西黄牛是我国著名的五大地方良种黄牛之一，主要产于山东省西南部的菏泽、济宁两地区境内，即北至黄河故道，东至运河两岸的三角地带。鲁西黄牛肉呈现清晰的大理石花纹，有"五花三层肉"之美誉。

平度牛肉

山东平度从20世纪90年代改良西门塔尔杂交牛，成功开发出"雪花纹浓密、口感细滑、肉香纯正"的高档精选牛肉，售价是普通牛肉的数十倍。最好的平度西冷肉，是国产牛肉中的极品。

自清朝以来，山东曹县烧牛肉便是豪爽的山东人大块吃肉的绝好酒肴。取上好鲁西牛肉放入各种调料入锅炖烂，再用小磨香油烹炸，形成香味浓郁、熟而不散的特色。

牛杂汤是齐鲁大地流传至今的传统美食，其中西关牛杂以肉美、汤鲜、味香、色佳闻名于世。

其他

淮南牛肉汤是安徽菜沿淮片的代表之一，也是苏北豫鲁皖一带家喻户晓的名小吃。

淮南牛肉汤有咸汤、甜汤之分。咸汤鲜醇香浓，多配以粉丝和干丝；甜汤加少量盐或干脆不加盐，其味清爽宜人。

西湖牛肉羹是江南地区特色传统名菜，属于杭帮菜。它仅用牛肉、鸡蛋和香菇，便可做成香醇润滑、鲜美可口的羹汤，因而深受大众喜爱。

杭椒牛柳是杭州名菜。"牛柳"是对牛脊侧肉的俗称，因其鲜嫩，最适合煎、炒。杭椒清香爽鲜不浓辣，和牛柳配炒，便形成一道温婉的江南美味。

自从有黄酒就有了糟味，绍兴糟牛肉是黄酒之乡绍兴食客的一种精致考究的吃法。牛肉经糟制之后，可去荤腥提香，酒糟的浓香和调料的咸鲜慢慢进入牛肉，使得肉质别有风味，并且糟香入骨，堪称绝品。

华中地区

南阳黄牛

南阳黄牛位列全国五大良种黄牛之首，南阳黄牛皮质优良，素有"南皮"之称。南阳黄牛肉质细嫩，颜色鲜红，大理石纹明显，味道鲜美，熟肉率达60.3%。

恩施黄牛

湖北恩施自治州是崇山峻岭的大山区，冬少严寒，夏无酷热，温暖湿润，气候宜人；境内植被生长茂密，森林覆盖率高，污染少。

恩施本地土种黄牛是采用放牧饲养为主的方式生产出来的。黄牛养殖户一年四季几乎都将牛放养在草山草坡上，任其自由采食各种天然牧草，特别是营养丰富的巴东红三叶、白三叶等各种野草和车前草、鱼腥草、夏枯草等多种中草药植物。在这种自然条件下，经传统的养殖方式生产出来的恩施黄牛肉保持了肉质原生态。

新晃黄牛

湖南新晃素有"中国夜郎黄牛之乡"的美誉，其黄牛养殖已有上千年历史。新晃黄牛肉质细嫩，香味浓郁，风味独特，营养价值高，已开发出冷鲜牛肉、酒店牛肉、休闲牛肉、腊制牛肉等四大系列的80多个品种。

江汉水牛

公安牛肉，俗称"牛肉炉子"，其实就是当地人对于"牛肉火锅"的统称。公安牛肉采用江汉水牛为原材料，而公安县位于湖北省中南部边缘，境内地势平坦，湖泊棋布，河流纵横，水草丰沛，到处都是天然放牧草场，为江汉水牛提供了理想的生长环境。

西南地区

嘉黎牛肉

嘉黎牦牛养殖于海拔4500米以上的天然藏北草原，环境为高山草甸植被。以境内麦地藏布河、湖泊、高山雪水为水源。体格高大、产毛多、肉质鲜红，富含多种矿物质、氨基酸、蛋白质，营养价值高。

类乌齐牛肉

西藏昌都类乌齐牦牛，放养于海拔3700米以上的天然牧场中，饮水来源于海拔5000米以上的弱碱性冰川雪融水或泉水。其肉质颜色鲜红，致密有弹性，富含蛋白质和氨基酸，具有特殊的腥膻气味，口味浓郁，营养价值高。

麦洼牛肉

四川阿坝麦洼牦牛，是青藏高原型牦牛的地方良种，主产于阿坝藏族自治州红原县瓦切、麦洼及若尔盖县包座一带。鲜肉煮熟后肉质密实鲜美、浓厚香醇，适口性好，汤汁澄清透明，具有牦牛肉的特殊香味。

筠连牛肉

筠连县位于四川省南缘，这里山地众多，雨量充沛，冬季气温高、春季回暖早，使得牧草非常丰富。当地的苗族同胞自古以来就有在山上放养黄牛的习惯，当地人也习惯地称这种土生土长的黄牛为筠连黄牛。在筠连，自古以来就有"无牛肉不成席"的说法。随便走进一个农贸交易市场，就可以看到不少经营户在销售黄牛肉。

筠连黄牛肉颜色鲜艳，肉质紧实细嫩，脂肪含量少，肉味香醇。当地有一种传统美食叫牛干巴。只有采用肉质紧实、水分少的土黄牛肉做出来的干巴才更有嚼劲，更具有浓浓的家乡情。

宣汉牛肉

达州灯影牛肉

宣汉黄牛主产于大巴山南侧达县地区的宣汉、通江等县，素有“吃的是中草药，喝的是山泉水”之誉，以肉质细嫩，营养丰富闻名。宣汉牛肉制品最著名的莫过于达州地区的传统美食“灯影牛肉”，其肉片之薄，足可在灯光下透出影像。灯影牛肉纯手工制作，成品薄如纸片，色泽红亮，鲜香麻辣，入口化渣。

其他

四川水煮牛肉

水煮牛肉由四川自贡名厨范吉安创制，以牛肉片为主料，菜薹或莴笋、红白萝卜为辅料，成菜白、红、绿、黄四色相映，牛肉鲜嫩，色深味厚，香味浓烈，突出了川菜麻、辣、烫的独特风味。

夫妻肺片是川菜中最受大众欢迎的菜品之一，通常是以牛头皮、牛心、牛舌、牛肚、牛肉为主料，卤制后切片，再配以辣椒油、花椒面等辅料，制成红油浇在上面，成品质嫩味鲜，麻辣浓香。

自贡火边子牛肉源于清乾隆年间，其选料和做工都极其讲究。只取牛身上不到15公斤的牛腱肉与里脊肉，去筋除膜后再切成三四厘米厚的大肉块。片好的牛肉片抹上特制的香料后，铺在竹筲箕上曝晒；再放置在特制的烤架上，用特殊燃料烧的微火慢慢熏烤，最终达到酥而不绵、嚼起化渣的境地。

贵州牛瘪火锅又被称为“百草汤”，是黔东南地区独特的一种食品，被黔东南少数民族视为待客上品。“牛瘪”的制作工序复杂，在宰杀前用上等的青草加中草药材喂饱牛，宰杀后把牛胃及小肠里未完全消化的食物拿出来，挤出其中的液体，连同牛胆汁及作料放入锅内，经文火慢熬而成。也可将牛肉放汤中一起煮食，还可用“牛瘪”作盐碟，用煮熟的牛肉蘸着吃。

风干牦牛肉

蒸牛舌是藏族著名的风味小吃，以牛舌肉为主料，经蒸煮而成。特点是入口软嫩，味道鲜美而带椒香。

风干牦牛肉，这种独特风味只有在青藏高原才能品尝得到。将牛肉切成条状，抹上盐和一些野生的作料，挂在通风、阴凉的地方，让其冰冻风干，既去水分，又保持鲜味。第二年春季即可食用，口感酥脆、味道鲜美。

华南地区

花溪牛肉

花溪牛肉粉是发源于贵阳花溪地区的一道特色小吃，精选新鲜优质的黄牛肉卤制后，加入煮好的米粉当中，配以适当的牛肉原汤以及辣椒粉、芫荽、泡菜等作料，粉爽滑微韧，肉鲜汤美。

玉林牛腩

广西玉林牛腩粉是著名的传统风味食品，将选好的牛腩、牛筋等用沸水"飞过"捞起过冷水，中火起锅，下料把牛腩炒至收水后，配以沙姜、甘松、草果等同煮。再将炖好的牛腩、米粉下碗，然后把牛腩汤、骨头汤、肉丸调味下碗即成。

潮汕牛肉

撒尿牛丸是有着悠久历史的传统中华美食，早在清朝顺治年间的江南古镇松江，由王氏家族经过特殊工艺和配方精心研制而成，后因王家后人辗转到香港，逐渐成为港岛名吃。流传至今近二百年，风靡港台及东南亚地区，倾倒无数食客。

干炒牛河是广东地区的特色传统小吃之一，"河粉"最早产于广州的"沙河镇"，是由客家人所发明，相传有近两百年的历史。"沙河粉"可用蔬菜、海鲜炒，而最著名的就是用牛肉炒，如果火力掌握得当，会使牛肉吃起来有烧烤的感觉，炒好后牛肉干爽但很滑嫩，"干炒牛河"也便由此而得名。

干炒牛河

潮汕美食大味至淡，潮汕牛肉火锅近年来风靡全国，其实它没有什么花哨的吃法，就是最简单的牛骨清汤锅底，门外切肉门内涮，如此才能吃出牛肉的原汁原味。沙茶酱、辣椒酱和普宁豆酱由客人根据口味自行搭配调节。

手打牛肉丸"清而不淡，鲜而不腻"，是最具代表性的一种潮汕美食。牛肉丸可分为牛肉丸、牛筋丸两种，牛肉丸以纯肉制作，口感松软，肉质嫩滑；牛筋丸则在肉里加入了少许嫩筋，口感更有嚼劲。

蚝油牛肉是广东具有相当代表性的菜，以牛肉为主料，用蚝油炒制而成。蚝油为广东特有调料，在烹调中主要起提鲜、增香、除异味等作用，用它烹制牛肉，蚝味鲜浓，肉质滑嫩，广受人们喜爱。

千百年来，中国人不断尝试牛肉与各种食材的组合搭配，无论是牛腩、牛腱子、牛胸、牛柳还是牛尾，对应的部位不同，烹饪的方法也不同。

霸王牛头

"要想牛，吃牛头，遇事不发愁！"这个霸气的广告语出自一家清真餐厅。关于牛头入菜的记载，早在三国时期就有，不少民族都有牛头宴的传说。炮制牛头前，要用多种中草药浸泡，中草药和牛肉相互作用以后就会产生独特的香味，肉质也会更鲜嫩。卤好的牛头酱香四溢，皮厚胶质丰富，肉质滑嫩不塞牙，适合养颜补身。

吃牛头宴，一般要先吃口条、后吃牛脸。口条细腻，吃完就能说会道。吃牛眼的说法是心明眼亮，吃牛上脑是步步升高，最后吃牛脑是补精养神。

如果说与牛头的相遇，是人生的一场盛筵，那么高潮则是这一道牛欢喜的惊艳出场。

广式牛欢喜

在众多粤菜中，有一道菜经常在港剧中出现，并且在粤菜中有着很高的地位，那便是"牛欢喜"。这道菜在广东地区颇受欢迎，曾经被视为用来招待贵宾的一道菜，能吃到它的人，也被认为是拥有一定地位的人。

牛欢喜选用母牛生殖器官入菜，尽管物以稀为贵，餐馆酒楼的餐单上却是貌似家常菜名的"酸咸菜炒牛欢喜"。不过这块小小的嫩肉，仿佛要考验食客的段位：是对皮相矫情执念，还是不垢不净、灵台空明……

岁入寒冬，烫一壶小酒，佐一碟牛肉，邀三五好友把酒言欢。牛肉软中带硬，细嚼回味无穷，这无疑是凉薄江湖中最令人感念的一丝温暖。

国家
江鲜
地理

长江，隐藏着一个民族
生生不息的奥秘。

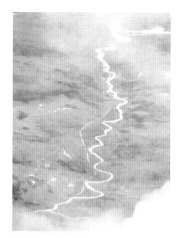

长江鸟瞰

　　长江是我们祖先繁衍生息的膏腴之地，它是世界第三大流域，干支流区域达180万平方公里，它丰盈富饶的自然资源养育了数以亿万计的生灵。

　　江，古代指国家疆域内的所有水道，后来用作长江的专称。江鲜，指长江里出产的鱼虾等鲜活水产品。

　　唐代诗人李群玉有诗：倚棹汀洲沙日晚，江鲜野菜桃花饭。长歌一曲烟霭深，归去沧江绿波远。描绘了一幅缓缓展开的人间烟火画卷。

长江源头——冷酷仙境

长江有三条源流：北源楚玛尔河，中源沱沱河和南源当曲。

楚玛尔河地处可可西里无人区的腹地，背倚昆仑雪山，河滩草地上多有藏羚羊等野生动物出没。

沱沱河发轫于青海与西藏边界的格拉丹东雪山。冰川融水从源头处流到唐古拉山，到下游汇入通天河。

沱沱河河床远处有平缓起伏的山脉。河滩地上生长着高原湿地上常见的禾本科植物，零星点缀着开着黄花的马先蒿、叶片带刺的沙生风毛菊、果实肥硕的棘豆以及耐寒植物毛柱黄芪等。

放眼看去，当曲是一片绵延无际的沼泽与冻土，长满垫状点地梅与扁穗茅。河网交错密布，在远处草甸间闪烁着白光。河床上可以看到鸟的脚印与风中摇曳的水草，遍野点地梅白色的花瓣，像星海一样装饰着柔软的河滩。

楚玛尔河，藏语的意思是"红水河"

中源沱沱河，起始于唐古拉山脉的各拉丹东峰。图中的姜古迪如冰川，藏语的意思是"狼山"

当曲，藏语"沼泽"之意

"翻嘴鱼"

高原裂腹鱼

高原鳅

　　长江源区气候高寒，人类活动稀少，野生动植物丰富。生物学家考察发现这一区域有多种鱼类的存在，大体上可分为裂腹鱼和高原鳅两大类别。裸腹叶须鱼与小头高原鱼喜欢栖息于流急多石的河段，而高原鳅则喜欢待在浅水区。裸腹叶须鱼与刺突高原鳅会吃水中的昆虫或摇蚊幼虫。而其他高原鱼都以附着河底岩石上的硅藻为食物。

　　青藏高原的蒸发量很大，气候与环境多有变化，河流或水湾经常干涸和消失。高原鳅生活在河床底部的砂石中，它具有一项特殊技能：鱼卵可以粘附在鸟类身上，并随之"飞"到其他水源地孵化。当它成为鸟类食物的同时，又借助鸟类帮它繁殖后代。

　　长江源区人烟稀少，严寒的自然条件下，野生鱼类每年仅仅能生长一厘米左右。除了野鸟和周边游动的牧民会偶尔捕食水中的鱼儿，鱼群大体上都能保持生态的平衡。

　　自1960年以来，这一地区持续增温，其幅度大约在每10年0.2℃，冰川与永久积雪面积缩小，导致河流和湖泊不断萎缩。这无疑会对长江源区的鱼类等水生生物产生直接而深远的影响。

长江上游—— 天府之国

三峡出口的宜昌南津关以上，全长4504公里为长江上游，其中直门达至宜宾段古称金沙江，宜宾至宜昌段古称川江，总流域面积达100万平方公里。

巴蜀居民是中国最擅长料理淡水鱼类的族群，坊间多见以鱼为主题的酒楼餐馆。手段高明的厨师更是能操弄出"全鱼宴"，清蒸鱼、干烧鱼、家常鱼、剁椒鱼、豆瓣鱼……尽显天府之国美食江湖的绝对实力。

有人曾列举川人对江鲜品质的排位：

第一档：雅鱼、江团、鲶鱼、土石斑等；

第二档：鲤鱼、鲫鱼、草鱼、鲢鱼、黄鳝、青蛙；

第三档：青虾、螃蟹、泥鳅、黄腊丁等；

第四档：螺蛳、河蚌。

川西的雅安有"三绝"：雅鱼、雅雨和雅女。雅鱼又称丙穴、嘉鱼，味极鲜美。唐代杜甫有诗："鱼知丙穴由来美，酒忆郫筒不用酤"。宋代宋祁诗云："二丙之穴，阙产嘉鱼。鲤质鳟鳞，为味珍硕。"

直门达，位于青海玉树藏族自治州称多县，藏语意为"渡口"

南津关，位于湖北宜昌市西陵峡东口，它和瞿塘峡入口处的夔门，是三峡首尾两端的天然门户

江中游弋的雅鱼

雅鱼头骨刺如剑，人们通常以此辨认其真伪。砂锅雅鱼口味咸鲜，经常是筵席上的压轴菜

岷江盛产江团，也叫鮰鱼，肉质肥厚，为淡水鱼中的珍品。鮰鱼春夏间最为肥腴，初出水的鮰鱼身段绯红，鱼肚雪白，犹同白云中晕染着浅浅红霞。"粉红雪白，泂美堪录；西施乳溢，水羊胛熟。"这是古人对鮰鱼的赞美。

春鮰的吻部软、肉肥糯鲜嫩，用白汤清煮其汁如乳，鲜香滑润，是难得的珍馐。鮰鱼鳔很肥厚，干制为名贵的鮰鱼肚，是名菜"蟹黄烩鱼肚"的主材之一。令人称绝的还有应季苦笋鱼圆汤，沁人心脾，回味悠长。苦笋又名甘笋、凉笋，野生于宜宾的崇山峻岭之中，含有丰富的纤维素。爱吃苦笋的宋代书法家黄庭坚说，苦笋"甘脆惬当、温润缜密、苦而有味"，也正是肥腻绵软的江团的极佳伴侣。

江团无鳞少刺，栖身险峻幽深的岷江山峡深水底中，是一种稀有的珍贵鱼类。清蒸江团佐以火腿等，形状美观，肉质肥美细嫩，汤清味鲜

重庆，长江和嘉陵江泾渭分明，一清一浊交融汇合，如"鸳鸯火锅"蔚为壮观

近年来烤鱼的流行，也要归功于川渝，重庆万州的烤鱼如今驰名全国。

烤鱼

烤鱼的来历是老川菜的叉烧大鱼和藿香鲫鱼，将大鱼去骨，鱼腹镶入芽菜、鸡肉、冬笋，整体焙烤至表皮金黄后，或配生菜和葱花，或配芹菜和香菜，可谓活色生香。

鱼香是川菜推陈出新的范例，鱼香味并不来自"鱼"，而是用红辣椒、葱、姜、蒜、糖、盐、酱油等调味品调制而成。此法源于四川民间独具特色的烹鱼调味方法。民间曾经将二荆条辣椒、鲫鱼封在一起腌制。现在的鱼香肉丝是用泡椒、糖、醋等多种调味料组成的复合味道，具有咸、酸、甜、辣、香、鲜和浓郁的葱、姜、蒜味的特色，广泛用于川味的熟菜中。

川人对于食材有着孜孜不倦的创新精神，对于鲢、草、鲤、青四大经济鱼类，巴蜀地区是全中国最善于烹调的区域。多年来一直引导着国人的流行菜品和口味。对江鲜令人眼花缭乱的操作，创新精进与闲适逍遥相融合。这是一种巴蜀文化特有的精神，也是川渝人民真实性格的写照。

长江中游——鱼米之乡

长江出南津关，便摆脱了高峡深谷的束缚，开始进入辽阔的长江中、下游平原。湖北宜昌至鄱阳湖出口湖口县的955公里为长江中游，流域面积68万平方公里。长江中游平原包括湖北江汉平原、湖南洞庭湖平原（合称两湖平原）和江西鄱阳湖平原。这里水网密布，江湖相连，气候温和，盛产鱼、虾、蟹、菱、莲，历来有"两湖熟，天下足"的说法，稻、粮、棉在全国也占有重要地位，素称"鱼米之乡"。

国家所恃者大江。发达的水陆交通，成就了一批人口密集的繁华市镇，也带来了餐馆酒楼的蓬勃兴旺。江鲜水产，自然成为人们唾手可得的便捷食材：江鲢、鲈鱼、武昌鱼、黄骨鱼、大白刁、财鱼……或煎、或炒、或焖、或炖、或蒸、或煮、或炸……在心思灵动的厨师手中，鱼的种类与做法排列组合，可以生出千变万化。

香煎大白刁是湖北家常风味菜肴，鱼肉金黄，软嫩可口，配上自制的烧汁，味道咸鲜微甜，老少皆宜。

近年来，外来物种小龙虾成为全民美食，这种源自日本，学名"克氏原螯虾"的淡水物种繁殖力惊人，湖北凭借密布的水网河汊，一跃为全国主要产区，湖北潜江和江苏盱眙争霸"中国小龙虾之乡"，成为一时佳话。

江西各地的菜品纷繁复杂，但鱼虾等江鲜也是主要食材。赣菜中的鄱阳湖野生鳜鱼炒粉、金汤鲜银鱼、婺源荷包红鲤、甲鱼煮粉皮等都是脍炙人口的佳肴。

辣味烈性一相逢，便胜却人间无数。湖南人则走鲜辣刚猛的路线，剁椒鱼头只能算是入门级别，重口味的极致是冠以"口味"之称的菜品。外地客人对湖南的口味虾和口味鱼大多是又爱又怕，既喜欢它们的刺激，又担忧它导致"后庭起火"的结果。

香煎大白刁。大白刁，学名翘嘴鲌，性格凶猛，以小鱼为食物

长江流域渔民捕捞鲜虾

鲜虾

螺蛳与河蚌，被归于小江鲜一类。嗦螺蛳，是最接地气的一件事。

清明前后的螺蛳肉质紧实鲜肥，加葱、姜、辣椒入锅爆炒，一碗乌光锃亮、香烫热辣的炒螺蛳上桌，放入嘴中用力一嗦，充满弹性的螺肉伴着鲜浓的原汁被吸出来，成就了吃小江鲜的怡然之乐。

再如吃河蚌，蚌肉加火腿在砂锅里炖煮，将熟时放入清脆鲜嫩的青菜薹，河蚌的鲜美彻底融入汤中，滋味温雅浓厚，有一种踏踏实实过日子的舒服熨帖。

再如长江小杂鱼，曾经一度不过是富贵人家的猫食。后来不断升级，如今已然是难得的美食体验。

一锅江杂鱼里，既有小鲫鱼、小鲤鱼，也有鲇鱼、昂公，还有刺虎和草鞋底，有的鱼肉质细嫩，有的鱼肉质紧实，有的鱼肉质肥美，每吃一条都是一种惊喜。

长江中游地区饮食的最大魅力，不在于精雕细琢，而在于质朴乡野。

炒螺蛳

河蚌

长江下游——风雅江南

江西湖口至入海口的938公里为长江下游，流域面积12万平方公里。长江下游平原包括安徽长江沿岸平原、巢湖平原以及江苏、浙江、上海间的长江三角洲，河汊纵横交错，湖荡星罗棋布。太湖、高邮湖、巢湖、洪泽湖等淡水湖都分布在这一狭长地带。长江流经青海、西藏、四川、云南、重庆、湖北、湖南、江西、安徽、江苏、上海11个省、自治区、直辖市，于崇明岛以东横沙岛附近注入东海，全长6300余公里。

长江下游通常被称为中国人的"江南"，它以人文渊薮、富庶水乡和繁荣发达而著称。从古至今，"江南"一直是个不断变化、富有伸缩性的地域概念，但始终代表着中国水乡景象；它自然条件优越，物产资源丰富，是中国综合经济水平最高的发达地区。广义的江南包括苏南、浙北、皖南，乃至地处长江北岸的扬州、南通等区域。

未能抛得人间去，一半勾留是江鲜。

江南区域的江鲜品类丰富多样，除了通常所说的长江三鲜鲥鱼、刀鱼、河豚外，还有银鱼、鳜鱼、江虾、江蟹、江鳖等数十种生鲜水产。自六朝以来，由于士大夫阶层和文人墨客的极力推崇，"江鲜"已经成为一个广为人知的概念。如今长江下游众多城市的酒楼饭庄，都会应季推出各类品尝江鲜的美食活动。

晋人张翰在洛阳做官，一日忽见秋风起，思念起家乡吴中的菰菜、莼羹、鲈鱼脍，立马就辞官回归故里。宋朝刘宰曾设宴饯别友人，席间赋诗："鲜明讶银尺，廉纤非蚕尾。肩耸乍惊雷，鳃红新出水。芼以姜桂椒，未熟香浮鼻。河豚愧有毒，江鲈惭寡味。"把刀鱼推上了江鲜至尊的地位。

安徽大通古镇渔民晒江鲜（图1、2）

正宗的长江刀鱼是小眼睛、黄背、鳞片白亮，光泽度高，且鱼身圆润、有肚，整体白里透亮（图3、4）

每年春季，刀鱼沿长江进入湖泊、支流产卵。此时的刀鱼肉质细嫩，入口即化。刀鱼的地域性很强，扬中通常被认为是刀鱼洄游的最后一站，夏季南通上至镇江出产的才是上品。清明前的刀鱼"腴而不腻、鲜美称绝"，是尝鲜的最好时节。当地人用"鲜得眉毛掉下来"形容它的美妙滋味。

长江江鲜，每个品种都是味道鲜美的上好食材。传统吃江鲜最好的地方当属江阴、扬中一带，但目前沿江的南通、太仓都把江鲜作为地方餐饮的主要特色。

鲥鱼体扁而长，色白如银，肉质鲜嫩，是"南国绝色之佳"，从明代时就被列为贡品。鲥鱼鳞下富含脂肪，一般大厨烹调加工时要带鳞清蒸，以增加鱼体的清香。

蒌蒿满地芦芽短，正是河豚欲上时。

河豚在世界各地均有分布，但最为人称道的毫无疑问是长江河豚。河豚虽有剧毒，但其肉质洁白如玉、鲜美无比，有人用世间绝色的"西施乳"来形容其美味。最好的河豚也是在清明前食用为佳。这时河豚皮上的毛刺还比较柔

长江鲥鱼

河豚，为硬骨鱼纲鲀科鱼类，因捕获出水时发出类似猪叫的唧唧声而得名河"豚"

软，胶质丰厚，吃起来非常软糯。河豚有多种吃法，刺身、红烧、浓汤，各有风味，"食得一口河豚肉，从此不闻天下鱼"。遗憾的是，如今野生的长江河豚已经很难见到了。现在市面上用于出售的河豚，大多是人工培育的无毒河豚。

白鲈鱼、鳊鱼、鲢鱼、河鳗、河虾、河蟹……刚从水中捕捞的江鲜在盆里活蹦乱跳，溅出一片长江的水滴。清晨的江面不时笼罩着一缕薄雾，远处几只渔船在江心摇荡，恰如一幅妙手偶得的写意山水画。

回望来处

长江、黄河对中华文明的形成影响既深且巨。黄河是中华文化的发源地、发祥地，影响着几千年中华文明。从唐宋以来，随着黄河多次泛滥成灾，战乱导致大规模人口迁徙。众多的皇室贵族、士人官员、平民工匠等从中原迁移到长江下游，带来当时先进的文化和生产力，长江在中华发展史上的地位超越了黄河。江南地区终于成功逆袭，从经济文化边缘逐渐成为中国最繁华富庶的区域。

商业鼎盛、航运便利、物流发达，旺盛的消费需求促进了江南饮食行业的融合与发展。生活美学的作品开始流行于世，袁枚的《随园食单》、倪云林的《云林堂饮食制度集》、李渔的《闲情偶寄》等，都是对后世有着极大影响的美食经典。文风鼎盛、商贸发达的江南所产美食也就成为饕餮客们的宠爱。而文人墨客对长江中下游水域里刀鱼、鲥鱼、鲴鱼、河豚等江鱼的赞美，逐渐形成了江鲜的文化概念。

天道轮回，物换时移。在各种人类活动的长期"围追堵截"下，长江自金沙江以下江段的水生生物目前已经全面告急：鲥鱼已难觅其踪，中华鲟、胭脂鱼等更加稀少。据说有五十多种长江鱼类，在短短的二三十年时间内就消失殆尽……

地球造就一个物种至少需要200万年的时间，人类破坏一个物种，却只要短短几十年甚至几年的时间。

竭泽而渔，岂不获得，而明年无鱼（出自《吕氏春秋》）。

生死轮回于这片土地的人类，微如粒尘的鱼虾蟹蚌，都只是生态链之上的一环而已。地球是目前已知唯一拥有生命物种的星球，舍此而外，生命再无其他去处。对大自然懂得珍惜与爱护，对环境更友善，是人类唯一的救赎之道。

国家
酿酒
地理

五千年中华文明的长河，同时也是
一条弥漫着浓郁酒香的河流。

河洛晚霞

秫，一年生草本植物，多用于酿酒。《周礼·考工记》："北地谓高粱之粘者为秫。"

在中国这块广袤厚重的土地上，华夏先民筚路蓝缕艰辛开拓。源远流长并世代传承与创新的酿酒技艺，滋养着中国人的生活，丰富着中国人的情感，充盈着中国人的精神。

史前时代，原始部落的人们采集的野果在长期储存后自然发酵，散发出酒的芳香。这一独具风味的饮品，启蒙了人类味蕾对迷醉的认知，远古中国的酿酒文化就此发轫。

谁是华夏美酒的第一创始人？伏羲、仪狄、杜康是人们推举最多的三位上榜者。河洛地区雄踞中原，曾经是华夏先祖部族聚落的核心地域，也常被当做中国酒文化的源头。

史载杜康置剩饭于朽空的桑树之中，日久自然发酵成酒。杜康受此启发，以黑秫为原料酿酒。秫本生于荒野，上古先民把它驯化成一种重要的农作物。

下曲的高粱

制曲

辣蓼草,又名酒药草,味辛,性温。具有消肿止痛、
治肿疡、治痢疾腹痛等功效

曲砖

　　曲是中国人酿酒的神器。酒曲,最早出现于《尚书·说命下》:"若作酒醴,尔惟曲糵"。曲,指发霉的谷物;糵,是已经发芽的谷物。酒曲的发明应是源于一次"意外的事故":因谷物保存不当,受潮后发霉或发芽,出现的微生物改变了食物的风味,为人类提供了耳目一新的味觉体验。酒曲酿酒是中国酿酒的精华所在,酒曲中所生长的微生物主要是霉菌。对霉菌的利用是中国人的一大发明创造,甚至可与中国古代的四大发明相媲美。

　　聪明的中国人还用一种神奇的植物——辣蓼草做酒曲。这种中国人在田间地头常见的药草,有益于微生物的生长,不仅对酒药有良好的疏松作用,还有较强的抗氧化作用。

黄酒

　　3000多年前的商周时代，中国人独创酒曲复式发酵法，开始大量酿制黄酒。黄酒以大米、黍米、粟为原料，酒精度较低，与啤酒、葡萄酒并列为世界著名的酿造酒。南方的糯米黄酒，北方的黍米黄酒，山东、湖北等地的大米黄酒，福建、江浙的红曲黄酒都独具风土特色，是历史悠久的佳作。

　　中国黄酒谱系纷繁复杂，古人通常按酒的产地来命名。如代州黄酒、绍兴酒、金华酒、丹阳酒、九江封缸酒、山东兰陵酒、河南双黄酒等。此外，江西的"水酒"，陕西的"稠酒"也都属于此类。

　　在漫长的时代里，黄酒一直是中国人的"国酒"，没有其它酒能够挑战黄酒的统治地位。黄酒在整个发酵酒行业中酿造工艺更趋成熟和完美，人们把时间长、颜色深、耐贮存的发酵酒称为"老酒"。

　　中国南北地理的分野，以秦岭、淮河为地域界线。

酿制黄酒（图1—4）

秦岭北望

淮河人家

南酒北酒的战争

南方酒和北方酒的对峙曾是中国酿酒发展史上重要的南酒北酒时代。

北酒以京、冀、鲁、豫为代表，生产工艺非常传统，黄酒、烧酒和露酒都号称尊尚古法。河北的沧酒、易酒都属于典型的北派黄酒，自明代就已负盛名，清初有"沧酒之著名，尚在绍酒之前"的说法。此外，山西的太原、潞州和襄陵，都出产上好的黄酒。

南酒以江浙为核心产区，著名的花雕、太雕、女儿红的产地都属浙江绍兴府一带。绍兴酒自清初开始逐步进入全盛时代，这里水土气候及地理物产都适合酿造黄酒，导致大型作坊很多，酿酒工艺形成了统一的酒谱条例，质量大幅度提高。

到了清中期，南酒终于取代了北酒，成为市场的主流。决定双方胜败的一个重要原因，在于南酒运往北方，经历寒冷不会变味；而北酒运往南方，碰到酷暑则会变质。所以南酒能够远销京师，乃至广东及南洋。

约1000年前，中国人采用了蒸馏法，开启了中国人饮用白酒的新时代。元代为中国蒸馏酒（烧酒、白酒）的起点。据《本草纲目》记载："烧酒非古法也，自元时创始，其法用浓酒和糟入甑（蒸锅），蒸令气上，用器承滴露。"2002年，江西李渡发现了元朝酿制蒸馏酒的遗迹，古烧酒作坊中罕见地保留有元代酒窖和地缸发酵池，成为轰动一时的考古大发现。

掌握蒸馏法后，中国酿酒工匠先使用与黄酒类似的方法用酒曲发酵，继而蒸馏取酒，从而获得了最高浓度约70%的蒸馏酒。

绍兴，黄酒封坛

江西李渡元代烧酒作坊遗址（图1、2）

白酒的崛起

中国酒的酿造过程就是酒精度越来越高的过程。

起初，"黄酒价贵买论升，白酒价贱买论斗"，上流社会喝黄酒，平民大众喝烧酒。北方人称蒸馏酒为烧酒，也就是现代的白酒。当时的烧酒重镇主要集中于北方，北方烧酒又以山西最为兴盛，汾阳地区的烧坊数量和产量达到高峰期。北京的一般百姓买酒除了当地产的二锅头，都是挑选山西人经营的大酒缸。

清代中叶以后，南方因战乱农作物歉收，黄酒产量随之骤减。而北地的高粱不宜食用，酿酒反而能够为百姓带来额外收入。此外，南方黄酒进京的运河线路时常被战事所阻断，加之黄酒自身不便于颠簸与长时间存放，使得销路严重受阻。烧酒因便于贮藏和远途贩运，开始大行其道。

烧酒经过数百年扩张，最终在清末达到了产量上的高峰。从黄酒到烧酒，人们传统的饮酒习惯也发生了改变。从此，很多人开始追求烧酒带给人的强烈刺激，各种人生故事伴随沉浮展开……清人袁枚在《随园食单》中说得有趣："既吃烧酒，以狠为佳……余谓烧酒者，人中之光棍，县中之酷吏也。打擂台，非光棍不可；除盗贼，非酷吏不可；驱风寒、消积滞，非烧酒不可。"

西南名酒

四川泸州、绵竹等地的大曲酒，在清代就已经有名，民国时期在全国开始为人所知。采用红高粱、大米、糯米、麦子、玉米五种粮食为原料，酿造的杂粮酒味道醇厚，也逐渐名声斐然。

曾经有人争论南北酒的优劣，酒量不如北方人的南方人被逼急了说：你们北方人是能喝，可你们北方人怎么酿不出好酒啊？全中国最好的酒都是我们南方人酿的，有本事你别喝啊。此言一出，北方人顿时哑口无言。南方酒为何在北方酒面前优势如此巨大？

云贵高原上最大的黑颈鹤越冬地

贵州赤水河

在南方温暖湿润的土壤中，在清冽的水源中，甚至在酒坊群落的村镇空气中，都存在大量的微生物群落。这样的自然条件，使南方酒拥有更加特别的香气。

中国地域辽阔，环境复杂，地理与人文的交互作用形成了中国酿酒文化"满天星斗"的宏阔格局。几乎每一地都有各自的美酒佳酿，远非南酒和北酒、黄酒与白酒的区分所能涵盖。

中国人种植水稻已有7000年历史，在长江流域和客家人集中的地区，农人们习惯用特殊的稻米酿制一种似酒非酒的地方美食。

米酒，各地叫法不一，又称江米酒、甜酒、水酒、酒酿、醪糟，主要原料是糯米，传统工艺使用糙糯米，也有白米酿制。工艺简单，口味香甜，酒精含量少，深受国人喜爱。

露酒，以发酵酒、蒸馏酒为酒基，混合动植物营养食材等辅料调配再加工酿造。

水稻（图1、2）

醪糟汤圆

露酒

中国药食两用资源极为丰富，酿造露酒的历史源远流长，有柿酒、西瓜酒、枣酒、梨酒、荔枝酒、枸杞果酒、桑葚酒、石榴酒、猕猴桃酒、五味子酒等众多品类。影响较大的有山西的竹叶青酒，东北的参茸酒、三鞭酒，西北的虫草酒、灵芝酒等产品。许多酿造酒的酒坊生产出各式美酒：佛手露酒、玫瑰露酒、五加皮酒、金波酒，仅看名字便令人心生遐想。

青稞，一种禾谷类作物，又称裸大麦、元麦、米大麦。青稞在青藏高原上种植约有3500年的历史，主要产区包括西藏、青海、四川、云南等地，是藏地的主要粮食作物，也是酿酒的重要原料。

千百年来，美酒一直伴随着中国人的脚步，不停迁徙，不断流变。无论走多远，只有故乡佳酿的味道熟悉而顽固，将漂泊于千里之外的游子和记忆深处的故乡紧紧连接在一起。

用来酿造露酒的柿子和桑葚（图3、4）

青稞及青稞酒（图5—7）

国家
土豆
地理

我们习以为常的食物，以剧烈的
方式改变了世界历史。

这种植株上开着白色或蓝紫色花朵的农作物，就是马铃薯，也称土豆（图1—3）

　　7000年前，当黄土高原上的半坡氏族开始收割成熟的粟米，长江流域的河姆渡人正在水稻田里劳作，远在南美洲大陆安第斯山脉"的的喀喀湖"畔，一群印第安人则在田野里刨掘一种类似马铃铛的草本茎块。

　　最早将野生土豆驯化为粮食作物的印第安人逐渐壮大，建立了覆盖整个南美洲西部的强大印加帝国。亚洲的华夏农耕和游牧部族在漫长的兼并融合进程中，经历秦汉唐宋等王朝，进入明帝国嘉靖中兴时期。

　　1532年，大航海时代崛起的西班牙军队在皮萨罗率领下，戏剧性地以不足200人的兵力进攻内战爆发的印加帝国。侵略军用枪炮对战原住民的木棒、石斧、标枪、长矛和弓箭，击溃印加帝国的八万军队，擒获并杀害皇帝阿塔瓦尔帕，辉煌一时

世界文化遗产，秘鲁库斯科古城（图1、2）

的印加文明从此湮灭。

　　1536年，西班牙远征军将土豆作为"战利品"带回了欧洲，由此开始了它在欧洲跌宕起伏的命运历程。最初，欧洲各国的王室将土豆种植在花园里，只是以妖娆的枝叶和艳丽的花朵受到人们青睐，大家对它的食用价值还一无所知。西班牙人最初尝试生食土豆的茎块，法国人则好奇地食用它的茎叶，酸涩的味道令人敬而远之，甚至有人因此而中毒呕吐。

　　当时欧洲人的最爱是另外一种来自新大陆的食物——番薯（红薯）。烹食添加糖和香料的番薯，是当时欧洲上流社会的一种时尚。

　　土豆能作为食物在欧洲广为传播，得益于17世纪的法国农学家安巴曼奇。他认识到土豆是一种了不起的植物，适合在土地贫瘠、夜间温度低、干燥、日照时间短的环境中生长，比其他谷物产量高且易于管理，因而向政府大力推荐。从此，土豆开始在欧洲普及，到18世纪逐渐成为欧洲的重要粮食作物。

　　俄国人初次接触到土豆，还是彼得大帝游历荷兰时，他花重金买了一袋土豆带回国，种植在皇家花园。叶卡捷琳娜女王时期，颁发命令让农民大规模种土豆，俄国枢密院甚至编发了土豆种植指南，称土豆为"健康与令人高兴的食物，用它可以做面包、粥、淀粉和香粉"。此后，土豆得以在俄罗斯安家落户，并和大列巴一道，成为俄罗斯人餐桌上的主食。

　　土豆也成为俄罗斯这个战斗民族的重要军粮。按照俄军通用的定量标准，每人每天的食物多达25种：黑麦和小麦混合粉面包300克、一级小麦粉面包350克、一级小麦粉50克、各

番薯（红薯）

彼得一世·阿列克谢耶维奇

爱尔兰首都都柏林街头大饥荒纪念雕塑

类谷物糁子120克、通心粉30克、肉类250克、鱼类120克、植物油30克、黄油45克、奶酪10克、牛奶150克……而土豆的供应量则为600克。

在"基辅号"航母上，每天都要准备上千名官兵的饮食，红菜汤、大列巴和土豆牛肉是官兵们最钟爱的食物。

芝加哥大学历史学家威廉·麦克内尔认为：土豆对世界的意义在于它养活了更多的人。土豆喂养了快速增加的人口，因而造就了西方文明的崛起，使欧洲一些国家有能力在某个阶段统治世界绝大部分地区。

19世纪，土豆是爱尔兰人赖以维持生计的唯一农作物，1845年秋天，一种突发的植物病害横扫爱尔兰，摧毁了当地的土豆种植业。这场史无前例的大饥荒导致爱尔兰人口锐减，短短两年内，就有100多万人死于饥饿、斑疹、伤寒和其他疾病，约100万难民移居海外。自然灾害以及英国政府的冷漠迫使爱尔兰饥民揭竿而起，最终遭到残酷的镇压。大饥荒惨剧激发了强烈的民族意识，前赴后继的爱尔兰人终于在1922年建立了独立自由的国家。

避难到美国的爱尔兰移民筚路蓝缕，逐渐融入美利坚主流社会，如今美国有4000万人是爱尔兰人的后裔，先后出了肯尼迪、尼克松、里根和克林顿四位总统。让爱尔兰人爱恨交加的土豆也随之登上了新大陆的土地。20世纪20年代，薯片成为美国销售量最大的零食。从20世纪60年代开始，通过遍布

薯条

薯片

春播

世界的麦当劳连锁店，薯片开始流行到全世界，与硅谷的"芯片"、好莱坞的"大片"一起，成了美国文化软实力的标志。

土豆大约在17世纪（明朝万历年间）传入中国。1628年，徐光启的《农政全书》中记载："土芋，一名土豆，一名黄独。蔓生叶如豆，根圆如鸡卵，内白皮黄……煮食，亦可蒸食。又煮芋汁，洗腻衣，洁白如玉"。

土豆进入中国的三条路径

　　一是荷兰人将土豆带到台湾而后传入大陆，被称为荷兰薯；一是由晋商从俄国或哈萨克汗国（今哈萨克斯坦）引入中国，种植于山西，被称为山药蛋；一是由南洋印尼（荷属爪哇）传入广东、广西、浙江，被称为爪哇薯或洋芋。

　　有人曾推断，如果晚明的皇帝当时在中国大面积推广土豆种植，或许可以缓解明末的大饥荒。

　　土豆能够风行中国各地，则是清朝后期和民国时期的事了，它的主要产区在西南和华北。从明末到晚清，中国人口从一亿惊人地增长到四亿，其中很难说没有土豆的功劳。

　　中国1959—1961年三年困难时期，由于大跃进运动导致全国性的粮食短缺和饥荒，土豆成为重要的救命粮。有人在回忆那段苦难岁月时感慨万千：普普通通的土豆陪我们走过那么多清贫的日子，伴随我们度过了那么多漫长而温暖的夜晚。中国很多贫困家庭的父母，用土豆把孩子养大，送进学堂、送进城市……教导他们做人要像土豆一样，朴实、耐苦、有用……

　　中国改革开放初期，美国快餐连锁巨头肯德基和麦当劳先后嗅到了"春天的气息"，用汉堡、可乐、薯条和土豆泥裹挟着西式生活方式、价值观念，推开了中国封闭已久的大门。

　　如今，世界上土豆主要生产国有中国、俄罗斯、印度、乌克兰、美国等，中国是世界土豆总产量最多的国家。

塬上积雪

出土

黄土高原上的树

中国哪里的 **土豆** 最好吃？

中国人对土豆的美食价值有着独特的认知。源于中餐丰富的烹饪方式和对土豆食材的深刻理解，中国人将土豆切成丝、弄成泥、磨成粉……制作出无数令人垂涎欲滴的食物。那么，到底中国哪里的土豆最好吃呢？土豆属于高寒作物，喜冷凉，高海拔、高纬度地区所种植的土豆品质会比较高。中国西北的青藏高原、黄土高原、内蒙古高原和西南的云贵高原，是中国土豆的主要产区。甘肃定西、宁夏固原、内蒙古乌兰察布、河北围场、黑龙江讷河、山东滕州、贵州威宁等都是优质土豆的产地。

（甘肃）

蒸煮烧烤，凉拌炖炒，土豆在甘肃的吃法简直就是一脉派系：甘肃人蒸洋芋干得皮裂，绵得起沙；烤洋芋脆皮金黄色，香气腾腾。甘肃人凉拌的五香洋芋、蜜汁洋芋、风味洋芋泥，小炒的尖椒洋芋丝、酸辣洋芋片、地三鲜，以及红烧洋芋、拔丝洋芋、洋芋烧牛肉、白菜炖洋芋、豆角炖洋芋等，道道令人垂涎欲滴。就连甘肃农家洋芋筋筋、洋芋卜拉子都登上了大雅之堂，成为贵宾宴席上的一道小吃。如果在冬日吃上一碗甘肃人做的洋芋糊糊面，会使人浑身舒展心里暖。

青海

青海本地有句话说："洋芋就蒜，肚子胀烂"，可见土豆在青海人饮食中的重要地位。洋芋酿皮酸辣醇香、冷热均异、四季可食，浓缩着青海人的土豆情结，与青稞酿皮并列成为青海的两大本土凉皮流派。高原炸土豆片必须撒上大把孜然粉和辣椒面，干锅土豆片又大又厚，外皮酥脆，土豆内里松软。青海几乎每家烤羊肉店门口都会摆上一摞撒满辣椒面、炸得金黄的土豆丝饼，刚炸好的咬一口酥脆掉渣。炕土豆要多放点蒜和韭花，冬天的时候吃一口刚炕好的土豆，嘴里冒着白气，感觉自己活在人间。洋芋擦擦是很多青海人比较爱的主食，做法很简单，将洋芋擦成泥，然后放入锅中蒸，最后再加入一些蒜和调料炒一下就好。

云南

云南饮食千奇百怪，但云南人对土豆是真爱。无论是烤、煮、炸、炖还是烧，土豆在云南美食谱系中都占有不可或缺的位置。云南最好吃的宣威洋芋产自"山梁子"上，带有山地尘封的密味和泥土的芳香，也有千年来古驿道余韵的悠长。洋芋饭是云南招牌主食，把洋芋切丁和火腿肉一起焖到米饭里，再添加豌豆、蚕豆等配料，散发出来的那份醇香是所有云南人都难以忘怀的记忆。

云南人将洋芋切成薄片，直接清炒，放上作料就可以食用。如果配上肉片、番茄等，则又是一番风味。洋芋片也可油炸，金黄色的洋芋片撒上适量的盐和辣椒面，香脆可口。还有洋芋粑粑、烧烤洋芋串、酸汤洋芋、洋芋炖腊排骨……

宁夏

在宁夏固原境内的黄土高原隐秘深处，有一个叫西吉的地方。得天独厚的地理位置和自然环境孕育出"养在深山人未识"的高原红土豆。西吉红皮土豆皮薄肉嫩、品质优异，口感更糯、更面、更多汁，是中国土豆中的极品。因为独特的气候条件，西吉土豆的生长周期比普通土豆要多2个月，因此淀粉含量更高，花青素和多种微量元素也更为丰富。高寒地区慢慢长大的土豆，一定不会令人失望。

西吉红皮土豆　　　　　　　皮薄肉嫩　　　　　　　　淀粉含量高

东北

　　东北地区独特而统一的人文和自然环境，形成东北各地高度相似的饮食：用料广泛、火候足、滋味浓郁、色鲜味浓。东北菜讲究吃得豪爽，吃得过瘾，土豆在其中也沾染了江湖的豪气。东北乱炖中必须有土豆的参与，炖肉里头也常常有大块土豆出现。土豆还可以炖茄子、炖粉条、炖豆腐……在很多上了年纪的东北人记忆中，在物质匮乏的年代，若能在冬天吃上一顿肉炒土豆干，那真是像过年一样幸福。如果用泡发好的土豆干炖一只小笨鸡，那味道足够回味一个月。可以毫不夸张地说，土豆干炖小笨鸡，东北菜当家拿第一。

东北乱炖　　　　　　　　　　　土豆干炖小笨鸡

湖北恩施

　　湖北因为有恩施，在土豆的美食圈就算有了一席之地。恩施山区海拔高，森林覆盖率也高，土壤中天然含硒，是一块与世隔绝、未经污染的宝地。恩施富硒土豆皮薄肉嫩，脂肪含量和热量低，富含膳食纤维，拥有人体所必需的氨基酸，营养丰富，口感良好，新近入选了国家地理标志保护产品。

烧土豆

炸洋芋

　　中国地域广阔，不同地区的人民用土豆做出了各色花样菜式，而随着东西方文化的融合，常见的西餐土豆烹饪方式也逐渐被国人接受，形成以土豆为主角或配角的丰富多彩的美食谱系。

大国土豆策

　　2015年，中国农业部的消息称，我国将力推土豆主粮化战略，土豆也将成稻米、小麦、玉米之外的第四大主粮作物。中国专家认为，随着全球人口的快速增加，"在未来世界出现粮食危机时，只有土豆可以拯救人类"。

　　或许我们生活的星球将来会发生这样一幕：生态环境遭遇严重破坏，气候变暖、频繁爆发的沙尘暴等恶劣天气引发粮食危机，小麦、水稻等主粮作物在漫天黄沙中濒临绝种，人类只能靠荒凉贫瘠的土地中存活的土豆维持日常所需……

　　土豆的故事还远没有结束，其貌不扬、卑微的土豆深藏在地下，随时准备在动荡时期挺身而出挽救人类。这就是土豆，一个在历史进程中产生巨大作用的小东西。

国家
辣椒
地理

饱食终日，只能让你苟且地活着。
辣，才是生命的真谛。

源于美洲的红色果实——辣椒

清新的白色辣椒花

　　辣椒是一个侵略者，它用了将近400年时间，才征服这个星球上人口最多的国家。

　　距今约8000年前，当北美洲的玛雅人偶遇野生辣椒并初次尝试，身心立即发生化学反应，眼泪与激情狂飙。惊喜之余，他们将这种奇特的植物收归囊中，悉心种植驯化，繁衍出众多门派，成为美洲大陆调味江湖的当红小生。

　　500多年前，哥伦布从美洲把辣椒种子带回欧洲。但矜持傲娇的欧洲人，对辣椒采取了谨慎克制的态度。或许是参与大航海的远征军掠夺的宝贝太多，辣椒只是在地中海周边小范围内种植繁衍，任其自生自灭。明朝末年，不知是毛里毛糙的葡萄牙水手，还是神经大条的荷兰商人，将辣椒经由海上丝绸之路带抵中国东南沿海。江浙和两广居民素来喜好清淡的饮食，对辣椒这种辛辣刺激的东西并不感兴趣。怀才不遇的辣椒只好卷起行囊，跟随郁闷的贬职官员、风餐露宿的商贩和流离迁徙的移民翻山越岭，向中国内陆地区辗转漂泊。

在漫长的岁月里，辣椒就像一个时间猎人，在亚洲东部的崇山峻岭中蛰伏潜行，等待合适的时机开创属于自己的辉煌。

辣椒，最初在中国被列入奇花异卉。明史书有载："番椒丛生，白花，果俨似秃笔头，味辣色红，甚可观。"虽然花是小清新，但味道却令人敬而远之。在辣椒登上餐桌之前，中国人"吃香喝辣"主要依赖生姜、吴茱萸、大蒜、花椒和紫苏等传统调味料。

辣椒的对手

生姜

生姜，多年生宿根草本，有芳香和辛辣味。原产东南亚的热带地区，是我国中医主要的药用食材之一。

吴茱萸

吴茱萸，小乔木或灌木，性热味苦辛，嫩果经泡制晾干后为传统中药，有散寒止痛、降逆止呕之功效。

大蒜

大蒜，半年生草本植物，味辛辣，可食用或供调味，亦可入药。自秦汉时从西域传入中国，经人工栽培繁育，深受大众喜爱。

花椒

紫苏

花椒，芸香科落叶小乔木，原产于中国秦岭山地，味辛性热，有芳香健胃、温中散寒、除湿止痛等功效。

紫苏，一年生直立草本植物，具有特异的芳香，可做调味料也可入药，发汗散寒，行气宽中，解郁止呕。

经过一番较量，辣椒和花椒、生姜、大蒜握手言和，将紫苏边缘化，把吴茱萸直接踢出了"饭局"。

平民食材

辣，其实是从底层社会流行起来的。

起初，辣椒更多被江西、湖南、贵州等山区贫民当成盐的替代品，老百姓用辣椒来调剂寡淡的口味，食辣的习俗随后往相邻的地区蔓延。明末清初，经历战乱、灾荒和疫病后的两湖地区人口大减，政府由沿海一带迁入大量移民，农民起义军张献忠在四川盆地的一系列行为，导致天府之国萧条衰落，湖南、广东等地的移民沿着"湖广填四川"的路途迁徙奔波，辣椒是他们喜欢的"下饭菜"。

辣椒祛除南方的闷热和湿冷，不仅带给人舌尖的快乐和生存的勇气，还赋予征战沙场将士胜利的信心。清朝名将左宗棠率湖湘子弟西征陕甘平乱，收复新疆，人口的流动造就饮食习俗的交融，河南、陕西、甘肃和新疆等地也逐渐接受了辣椒带来的重口味。清朝末年，辣椒在我们熟知的几个吃辣大省云南、贵州、湖南、湖北、四川建立了稳固的根据地，并且拥有广泛的群众基础。

可以说，辣椒从一开始就是一种平民食材，一方面谦卑、隐忍、坚韧，另一方面热情、豪爽、奔放，这也恰好是中国人国民性格的底色。而湘楚、巴渝和云贵地区人民性格中的要强、霸蛮和狠勇，也正与辣椒的特性高度契合。辣椒用超强的忍耐力换取了草根百姓的欢心，从此，这种神奇的植物潜行于中国的崇山峻岭，并在华夏大地开枝散叶。

四川人习惯花椒加辣椒，称为麻辣；云南人用辣椒蘸水调味，称为糊辣；贵州人把辣椒腌渍至酸，称为酸辣；湖南人爱吃原味的辣椒，称之原辣；西北人喜欢吃油泼辣椒，称之香辣。

形形色色风格不同的辣椒文化，发展成为一种独特的地域认同和心理认同，中国人由此辨识同党，温习乡情，交流最淳朴的家常，抚慰困苦劳顿的身心。

辣椒是如何改写中国美食版图的

民国时期，尽管辣椒在民间江湖已经获得众多"粉丝"，但仍然难以跻身主流社会。当时的名门正派是鲁菜系的孔府菜和苏菜系的淮扬菜，并称为"国菜"。京城的达官贵人和士绅富商请客吃饭都以鲁菜和淮扬菜为正宗。那时的人们认为品葱烧海参和蟹粉狮子头的才是成功人士，吃回锅肉和麻婆豆腐的自然是下里巴人。这时候，辣椒就像武林少侠一样，在蜀地苦练内功剑法。不少菜品如同新招式源源不断地被研发出来：水煮肉片、鱼香肉丝、宫保鸡丁、干煸鳝片、辣子肥肠……

辣椒经过湘楚、巴渝和云贵地区民众的砥砺切磋，已然形成一套江湖辣味宝典，可生食可炒食，可干制、腌制，也可酱制。辣椒虽独具脾性却很友好，几乎可以和所有的食材搭配，生发出别具一格的风味，给人留下难以磨灭的第一印象。

然而，辣椒真正建立自己的"共和国"，却是近三十年的事情。20世纪80年代，中国私营经济活跃起来，随着老百姓钱包的鼓胀，各类餐馆也雨后春笋般涌现。先富起来的广东人把粤菜带到各地，频繁的人口流动也将四川、湖南等地的美食风味带往异国他乡。鱼香肉丝、宫保鸡丁等辣菜在很多不食辣

水煮肉片

麻婆豆腐

毛血旺

的地区开始成为流行菜。

在北京、深圳等地，川菜馆、湘菜馆成为热门餐厅，从街边小店到豪华酒楼应有尽有。改革开放以来，中国经历了三次辣味冲击波：第一次是水煮鱼，第二次是麻辣香锅，第三次是麻辣小龙虾。其波及面之广，涉及人数之众，改变国人口味之深刻，都是前所未见的。经此三次冲击，辣椒用重口味改写了中国美食江湖的版图。辣，渐渐变成一种国民口味。

在辣椒一统江湖的进程中，居功至伟的主力军团阵容有：敢为天下先的湖南人，坚守原辣的江西人，用麻辣口味和红汤火锅爽翻世界的川渝人，让辣椒酱冲出亚洲走向世界的贵州人，把辣味鸭脖店开遍全国各大车站、机场的湖北人……各种地方势力也不可小觑，他们在大江南北开辟了众多的辣味根据地，使这种草根口味如星火燎原一样散布在华夏大地。

浙江，衢州人在浙菜的基地上建立了一个桥头堡，用鲜香辣的"三头一掌"（兔头、鸭头、鱼头和鸭掌）攻城略地，横扫沿海地区之外的浙江大部分地域。

河南，不仅辣椒种植面积领先全国，还不声不响地用面粉和辣椒仿造出宇宙超级零食"辣条"，力压原产地湖南，走出国门征服了众多外国人。

衢州鸭头　　　　　　　　　河南辣条

　　在广东北部的南雄，辣椒在粤菜的地盘上嵌入了一个楔子。嗜辣如命的南雄人几乎餐餐有辣、无菜不辣。梅岭鹅王、辣椒酸笋焖鸭、辣椒酸笋炒大肠、辣椒爆炒牛百叶、辣椒炒田螺、辣椒酸笋茄子……单是看菜谱就令人垂涎欲滴。

　　东北，洮南辣椒占据了韩国80％的市场，直接影响当地辣白菜的口味与价格高低。

　　福建人默默地研发出秘密武器"神椒一号"，助力沙县小吃在全国各地安营扎寨。

　　海南，用黄灯笼辣椒出奇制胜，让那些号称不怕辣、辣不怕和怕不辣的胆壮者都开始怀疑人生。

　　新疆料理不是中华菜系的主流，不过香辣浓郁的羊肉串和大盘鸡如今已成为家喻户晓的名吃。

中国人为什么越来越爱吃辣？

　　辣椒的出现，显然不是为了解决人类的饥饿问题，如稻、麦、玉米和土豆；也不是用甜蜜来向人类献媚，如牡丹、玉兰和玫瑰。我们这一代人，被时代的洪流裹挟着，经受了太多的无常与无奈、波折与沉浮，经常身不由己，总是言不由衷，却要举杯伴笑，竭力攀高，惟恐被命运的浪涛打翻湮没。

这个世界都在快变、越界、颠覆……我们太需要一种合法的"毒药"，刺激胃口，激活血脉，缓解焦虑，张扬精神，舒展心性……辣椒，应时而生。它是一剂灵验的偏方，承担着撩人的使命。

科学家揭示了辣椒走红的秘密：辣其实不是味觉，而是一种痛觉！在人体中有一些特定的神经受体，能与辣椒素结合，给味蕾和消化道带来"烧灼感"，疼痛刺激的信号传导到大脑，会误导大脑错误地认为"受伤了"。为了安慰"受伤的"身体，神经元会释放出一种叫"内啡肽"的止疼激素，而这种释放，很大程度上会给人类带来愉悦与快感。

痛并快乐着，就是中国人的生存哲学，也是辣椒的极致美学。

辣椒炒田螺

辣椒酸笋炒大肠

国家
蜂蜜
地理

凝倾世之甜，遂众生之环。

中国蜜蜂化石

琥珀中的蜜蜂

传奇物种

远在人类出现的1亿多年前，蜜蜂就已经生活在我们这个星球上。

地球在经历白垩纪地理巨变后，大型动物类的恐龙、翼龙、鱼龙、蛇颈龙等由繁盛趋于绝灭，地壳运动逐渐稳定，火山喷发停息，地面水域广阔，气候温暖潮湿，森林茂盛，哺乳类和鸟类成为新兴陆地动物类群……

古蜜蜂也随之出现，成为地质古生物史上"热河昆虫群"中的活跃种群之一。

古蜜蜂的生存场景中，裸子植物一度是植物界的主流。裸子植物及其花粉是原始阶段古蜜蜂的食料来源。

裸子植物为多年生木本植物，大多数为高大乔木，少数为灌木，也有稀少的藤本。它们在地球环境大变迁时曾大批灭绝，延续至今被人类熟知的有苏

被子植物花萼

天山山脉（北纬43°附近）

铁、银杏、水杉、松柏、红豆杉、榧树等。

沧海桑田，物换星移。白垩纪晚期，开花植物（被子植物）开始兴盛，逐渐取代了裸子植物的优势地位。这是植物进化史上一次具有划时代意义的事件，大自然从此变得绚丽多彩、花香鸟语、蜂飞蝶舞、生意盎然。

被子植物最明显的特征表现在花器上，它的胚珠着生在密闭的子房中，受精后发育成种子，整个子房（有时连同花萼、花托，甚至连同花序轴）发育成果实，种子包在果皮中。

被子植物中，很多是属于虫媒花的，具有虫媒花的种种特征，如鲜艳的花冠、特殊的花香、多样性的蜜腺以及黏重的花粉等。

物竞天择，适者生存。随着生存环境的变异，蜜蜂种群也在不断地灭绝和衍生，古蜜蜂演化成为以植物花粉为生的新生蜜蜂，而它们传播花粉与散布种子的作用，同样也助长了被子植物的繁茂兴盛。

北纬35°～45°之间的辽阔区域，都曾是蜜蜂繁衍生息的主场。

有生物学家这样推测并描绘蜜蜂起源的场景和路线图：

大约在1.5亿年前，华北古陆出现华夏植物群，东起胶东半岛，经冀北、内蒙古固阳、河西走廊，西至新疆吐鲁番盆地，被子植物由东向西的兴盛局面逐步形成，被子植物花粉哺育了蜜蜂的祖先。

距今5000万年前，地球板块再次发生运动，欧洲海退时，蜜蜂传入欧洲。

随着喜马拉雅运动、地壳运动、海陆变迁、中亚一带与中国西北山系的发生与升高，形成巨大的地理阻隔，从而形成了东、西方蜜蜂的分野。

中国西南是当今世界上蜜蜂种类最多、最集中的地区。

智慧生物

单个蜜蜂势单力薄，无法在大自然中生存。蜜蜂族群逐渐形成的一套社会分工合作体系，远在人类社会之前就已经成熟稳定。

一群蜜蜂通常由一只蜂王、大批的工蜂和少量的雄峰组成。它们各司其职，分工合作，互相依存，正像人类社会中的一个大家庭乃至一个国家一样。

蜂王形体较大，职能是产卵。一只优良的蜂王在产卵期每昼夜可产卵1500粒左右。蜂王的能力对于蜂群的强弱及其遗传性状具有决定性的作用，优良健壮的蜂王能使蜂群保持强大的群势，蜂群一般也只有一只蜂王。如果群内出现封盖王台时，蜜蜂就要分群（自然分群），出现两只蜂王就会互相争斗，直到剩下一只为止。

蜂王一生得到工蜂的特护，尤其在产卵时期。四周总有由工蜂组成的侍卫蜂环护。

工蜂是蜂群中个体最小的成员，但数量占群体的绝大多数，担负着全蜂群内外的各项工作：清理巢房，饲喂蜂王，抚育幼蜂，调节蜂巢内温湿度，修筑巢脾，采花酿蜜，守卫蜂巢。群势旺盛时，一个强群中工蜂的数量能达到五六万只。

雄蜂是蜂群的雄性个体，它体格粗壮，无工作本领，专职和处女蜂王交配。雄蜂飞行和交配，一般在晴天下午进行，与蜂王交配后通常被工蜂逐出巢外，离开群体后很快冻饿死亡。

蜜蜂虽然过着群体生活，但是蜂群与蜂群之间互不串通。为了防御外群蜜蜂和其他昆虫动物的侵袭，蜜蜂形成了守卫蜂巢的能力。螫针是它们的主要自卫器官。

工蜂

在蜂巢内蜜蜂凭灵敏的嗅觉，根据气味来识别外群的蜜蜂。在巢门口担任守卫的蜜蜂不准外群蜜蜂进入巢内。如有外群入巢盗蜜的蜜蜂，守卫蜂立即进行搏斗，直到来者被逐出或死亡。在蜂巢外面，如花丛中或饮水处，各个不同群的蜜蜂在一起互不敌视，互不干扰。外出交配的蜂王，如错入外群，立刻会被工蜂团团围住刺杀。但雄蜂如果错入外群，工蜂不会伤害它。这可能是蜂群为了种族生存得更好，以避免近亲繁殖的生物学特性。

与人共生

700万年前，人类的出现，是蜜蜂社会遭遇的又一次巨大变革。

蜂蜜，是人类最早利用的甜食。在人类发现蔗糖和甜菜糖以前，蜂蜜是人类唯一的甜味剂。

最初，人类是以小偷和强盗的面目出现在蜜蜂面前的。原始人类在采捕野蜂接触蜂巢时，偶尔尝识蜂蜜滋味，甘之如饴，欣喜若狂。此后，人类开始伐倒有蜂巢的树采蜜，或掏取石洞蜂巢的蜂蜜。一旦发现蜂群就用烟火驱散，然后用炭火加宽蜂洞，再用泥草、牛粪涂抹洞口，留一小孔容蜂出入。

为了争夺资源，人类还在有野生蜂巢的地方留下记号，最后在树干上刻痕为记，以示蜂窝有所归属，此后就按时采蜜。

至今，中国西南傈僳族、怒族、独龙族等少数民族，还保留着原始的驱蜂取蜜法和原洞养蜂法。

后来，人类逐渐从采捕野蜂向看护蜂巢的初期养蜂发展，中国东汉时期的养蜂先行者，开始移养蜜蜂。他们砍下附有野生蜂窝的树干挂在屋檐之下，便于收割蜂蜜。

史载东汉人姜岐，"隐居以畜蜂豕为事，教授者满于天下，营业者三百余人"。

到魏晋南北朝时期，养蜂人已经开始"以木为器"，将移养后的半野生态的蜜蜂，诱养到仿制的天然蜂窝或代用的木桶蜂窝中去，逐渐向蜜蜂家养过渡。

晋人张华的《博物志》中，详细记载了蜜蜂收集方法："远方诸山蜜蜡处。以木为器，中开小孔，以蜜蜡涂器内外令遍。春月蜂将生育时，捕取三两头著器中。蜂飞去，寻将伴来。经日渐益。遂持器归。"

"柱穿蜂溜蜜，栈缺燕添巢"，杜甫的诗句描绘了唐朝人们将蜂窝与燕巢并列于庭前檐下的美好场景。

宋元时期，是中蜂人工饲养发展的重要阶段，家庭养蜂较为普遍，出现了专业养蜂场。

明清学者已开始注意总结养蜂经验，粗浅地研究养蜂学理。清代郝懿行的《蜂衙小记》中，详细记载了蜜蜂形态、生活习性、社会组织、饲养技术、分

深山割蜜人

中华蜂，是中国独有的蜜蜂当家品种，善于利用零星蜜源植物，采集力强、抗病能力强。中华蜂体躯较小，头胸部黑色，腹部黄黑色，全身披黄褐色绒毛。2003年，北京市在房山区建立中华蜜蜂自然保护区。2006年，中华蜜蜂被列入农业部国家级畜禽遗传资源保护品种

意蜂，即意大利蜂，原产于地中海中部的亚平宁半岛，产蜜和生产蜂王浆的能力强，也是花粉生产的理想品种，是我国饲养的主要蜜蜂品种。意蜂的绒毛亦具黄色，属特浅色类型，就是众所周知的"黄金种蜜蜂"。意蜂抗病力弱，越冬性能不如东北黑蜂和其他欧洲黑蜂

蜂巢与蜂蜡

取蜜

蜂方法、蜂蜜的收取与提炼、冬粮的补充、蜂巢的清洁卫生以及天敌的驱除等内容。

到近代，西方养蜂技术和西方蜂种传入中国。活框饲养的引进，标志着中国现代养蜂业的开始。

甜蜜的奥妙

蜜蜂从花中采集花蜜后，先储存在体内带回蜂巢，而后在巢中慢慢"吞吐"和"制造"。

蜜蜂吞吐花蜜的过程实际上是在酿造蜂蜜，花蜜在蜜蜂体内，经过其体内酶的作用成分发生了变化，其中的蔗糖转化成果糖和葡萄糖，很多蜜蜂体内的氨基酸和微量元素也会留在蜜中，再经过几天贮藏，当其中水分被蒸发到不足17%时，花蜜才算酿成蜂蜜。蜜蜂会分泌蜂蜡将酿好的蜂蜜封存起来，人类此时采集的蜂蜜为成熟蜜。

与之相对应的"未成熟蜜"，是采回不久的未经充分酿造而得到的花蜜，大多是一两天取的蜜，许多营养物质不全面、不充足、不稳定。一般在销售时，还要经过机械脱水浓缩，这种蜜一般称之为浓缩蜜或加工蜜，营养价值则相差很多。

我们可从蜂蜜标签注明的浓度数值（波美度）来判断，凡是自然成熟封盖的蜂蜜浓度至少是40波美度以上，封盖时间越长，浓度越高。

蜂蜜的浓度有个极限，最高43波美度多一点儿，再高就是人工浓缩的假蜜了。而低于40波美度的蜂蜜基本就是没有封盖的半成熟蜂蜜。低于38波美度的就是水蜜了。

蜂蜜、蜂巢、花粉和蜂胶　　　　　　　　采蜜

　　蜜蜂采集花粉时常常掉落一些，植物靠这些掉落的花粉完成异花授粉。据统计，在人类所利用的1330多种作物中，有1000多种依靠蜜蜂传授花粉。如果没有蜜蜂，没有授粉，人类将丧失多数粮食、蔬菜、瓜果等赖以生存的物资。

　　在自然生态系统中，像蜜蜂为植物传粉、植物为蜜蜂提供食物的这种现象，我们称之为共生。和谐共生的生存模式，已被公认为地球上可持续生存发展模式的典范。

最好的蜂蜜在哪里

　　中国幅员辽阔，地理形态复杂，为蜜蜂提供了丰富多样的蜜源。但凡蜜源植物生长茂盛、覆盖面积广的地区，蜂蜜的品质相对优质。

　　早春二月，江南田野里成片的紫云英，陆续展开漂亮的伞状花序，诱引着蜂群采粉酿蜜。紫云英为豆科草本植物，又叫作红花草，是重要的稻田绿色有机肥。紫云英蜜呈浅琥珀色，结晶颗粒为白色，细腻清香，甘甜适口而不腻。

　　三四月份，岭南荔枝花开，浅黄小花散发阵阵幽香，满野蜜蜂嘤嘤飞舞。荔枝蜜呈浅琥珀色，结晶颗粒则为乳白色，气味芳香，有淡淡的荔枝香味，味道甜美。

　　五月槐花香。槐树，中国北方地区的这种高大乔木，悬垂起一串串簇状的花萼，弥漫出一股素雅的清香。槐花蜜，水白透明，浓稠甘甜，是中国最大宗的上等蜜品。秦岭山脉位于北纬37°，是中国优质的槐花蜜产区。这里气候温和，降水适中，并且蜜源植物丰富，花期也较长，蜜蜂理化指标好，酿造的蜂蜜活性成分高，品质优良。

六月的黄河两岸，枣树的绿叶间无声无息地缀满玲珑的小碎花，蜂蝶们在丝丝醇香中蹁跹起舞。枣花蜜色深味浓，是为大众所推崇的蜂蜜品种之一。秦晋峡谷分布着中国面积最大的古枣树群落，栽培历史悠久。这里酿造的自然成熟枣花蜜，颜色呈深红琥珀色，口感浓郁，自带有大枣的醇厚香气。

　　初夏时节，北方乡野间的灌木荆条，相继盛开出淡紫色的花朵。荆条是马鞭草科灌木，在我国北方各省区广泛分布，其中华北是我国荆条蜜的重要产区。荆花蜜甜润微酸，回味悠长，与槐花蜜、枣花蜜、荔枝蜜一起并称为中国四大名蜜。

　　七月椴树花开，中国东北地区成片的椴树层林尽染，宛如祥云围绕。完达山脉、大兴安岭、小兴安岭和长白山一带，是酿造优质椴树蜜的重要产区。尤其是紫椴白蜜，是采集野生紫椴树花蜜酿造的，洁白晶莹，状如凝脂，得名白蜜。

　　新疆伊犁黑蜂自然保护区，地处北纬43°的天山深处，包括特克斯县、尼勒克县和昭苏县。这里分布着广袤的雪山、森林、河流和草地。一百多年前，从苏俄引进的耐寒黑蜂种群，经长期自然选育驯养，成为优良蜂群品类，黑蜂蜜成为具有独特地理标志的产品。远在千里之外，几乎是同纬度的黑龙江饶河东北黑蜂自然保护区，野生植物多达一千多种，以椴树和毛水苏为主的蜜源植物多达200余种。

紫云英

槐花

荆条花

椴树花

新疆阿勒泰的蜜蜂花园

新西兰麦卢卡花

海南一年四季气候温暖，素有"百果花园"的美称，荔枝、龙眼、椰子、槟榔等蜜源植物满山遍野。尤其是蜜蜂在火山岩和热带雨林区域中采集酿造成的原生态蜂蜜，成为海南特产中的"新宠"。

蜂蜜产品

好蜂蜜是风土的杰作。原产地的气候变化、土壤特征、四季更迭、工艺传承都会影响蜂蜜的味道和质地。好的蜂蜜复杂而具有层次感，带有花香、草香、果香或木香，譬如桂花蜜、柑橘蜜、枇杷花蜜、罗汉果花蜜、益母草蜜等。

中国地域辽阔广袤，生态多样复杂，很多地区蜂群并非采集单一蜜源，而是广采博收，酿成人们熟知的百花蜜，民间俗称土蜂蜜，这也是中国最传统的蜂蜜品种之一。

随着中国不断持续地对外开放，世界各地的优质蜂蜜也被陆续引进国内市场，譬如阿根廷的桉树蜜、新西兰的麦卢卡蜂蜜、加拿大的三叶草蜂蜜等。

阿特巴什地区位于高山之国吉尔吉斯斯坦东南部，平均海拔3000米以上。阿特巴什白蜂蜜是全世界公认的蜂蜜中的极品。

土耳其的Elvish（小精灵）蜂蜜堪称稀世珍品，隐藏在山谷间的洞穴里，不仅产量稀少，采摘过程具有一定的困难度，工人们必须冒着生命危险，利用绳索与梯子进入山谷中的洞穴，倘若稍有疏失，便可能产生无法挽回的悲剧。

云南普洱岩蜂蜜，产于云南亚热带原始森林悬崖峭壁上。是中国最贵的野生蜂蜜，而且蜜源都是一些中草药，有网友称这叫"中药蜂蜜"。

宋朝文学家王安石曾在他的游记中写道："世之奇伟瑰怪，非常之观，常在于险远，而人之所罕至焉，故非有志者不能至也。"

世界上好的蜂蜜也像奇伟瑰异的风景一样，多产于荒僻偏远但幽美旖旎的地方。我们在品尝蜂蜜的时候，应当对在这个星球的各个角落辛勤劳作的蜜蜂心存感恩。它们都是上苍派遣到人间的精灵。

国家

韭菜

地理

"一月葱，二月韭"。韭菜鲜嫩淡雅，翠绿挺秀，是春情荡漾的食材。一直名列南北皆宜的大众蔬菜榜单。

野生韭菜花

贵州毕节韭菜坪

　　野生韭菜分布区域很广泛，古代地理名著《山海经》中就有各地众山多韭的说法，《诗经》中也有献羔祭韭的记载。

　　云贵高原、内蒙古高原和青藏高原等地，至今可见大面积的野韭菜地。《兰州植物通志》中记述：沿丝绸之路的武山至河西一带，到处可见多年生野韭，野韭菜焓做的浆水脍炙人口，具有清热祛暑等功效。

　　在漫长的演化过程中，华夏先民逐步认知韭菜的特性。分蘖、跳根、休眠和多年生宿根性经过不断的培植，完成野生韭菜从采割、驯化到量产的跨越。

　　《说文》曰："一种而久者，故谓之韭。"意指韭菜可长久生长，割了一茬还会长出新的一茬。

　　韭、薤、葵、葱、藿，韭菜位列汉代"五菜"之首。

"夜雨剪春韭，新炊间黄粱。"人间烟火的美学意境令人神往，五代书法家杨凝式有名作《韭花帖》传世。南齐诗人周颙在钟山隐居吃素修行，文惠太子问他：菜食何味最胜？他说：春初早韭，秋末晚菘（时令蔬菜）。

"香椿芽、头刀韭、顶花黄瓜、谢花藕"被民间称为乡村四鲜。中国韭菜品种资源十分丰富，从形态上可分为宽叶韭与细叶韭。耐寒的宽叶韭多在北方栽培，叶宽软、色淡绿、纤维少、品质优；耐热的细叶韭多在南方栽培，叶片狭长、色泽深绿，纤维较多，富有香味。

"渐觉东风料峭寒，青蒿黄韭试春盘。"苏东坡名句中的韭黄是韭菜的变种，韭菜避光栽培无法合成叶绿素，叶嫩柔软呈淡黄色，清雅脆嫩十分可口。

韭菜薹在北方也叫香荸，以采食韭菜幼嫩花茎为主。韭菜花磨碎后腌制成酱，是涮火锅氽白肉时的绝佳调味料。广东潮汕地区的人们春天祭祖，有一种风味小吃"菜粿"，其主料就是鲜嫩味美的韭菜。

五代杨凝式《韭花帖》局部

韭黄

潮汕韭菜粿

韭菜　　　　　　　　　　　　　雪中韭　　　　　　　　　　　　韭菜花薹

广西柳江高友的侗寨人有韭菜节，每年谷雨节气，除载歌载舞喝酒之外，必吃一道添加韭菜的"谷雨油茶"。

韭菜朴素本分，但也个性鲜明，韭菜所属的葱属是一个令人爱恨分明的家族。韭菜的兄弟姐妹包括大蒜、洋葱等，具有强烈的刺激气味。这些出自硫化物的强烈葱属特色味，是葱属植物广泛具有的特质。喜欢的人会特别喜欢，讨厌者则避之唯恐不及。

韭菜美食谱

韭菜的"朋友圈"非常广泛，算得上是一种百搭食材，韭菜炒鸡蛋和韭菜馅饺子是国人最日常的韭菜料理。

会吃的南方人因应季节用鲜嫩的春笋、豆芽和活泼乱跳的小河虾，就能把春的味道烹制到餐盘里。

街市的烧烤摊上，热辣滋香的烤韭菜是诸多美女的大爱。在北方人的记忆中，韭菜盒子中常常混杂着深厚的母爱。

福建、台湾的沙茶干面和贡丸汤，陕西、甘肃等地的酸汤面，少了最后撒进去的那一把翠绿的韭菜叶，就怎么也出不来最感人的滋味。

对于生活在海边的人来说，韭菜最能激发海鲜的味道，韭菜炒蛤蜊、鱿鱼、蛏子是祖辈传承下来的食谱。韭菜炒花枝是对海味的经典表达，资深食客懂得用韭菜炒墨鲗和小鳝，这是只有在闽南东山岛才特有的美味。

如今韭菜在全国各地普遍种植，是所有蔬菜中分布最广的。东至东南沿海各省市，西至西藏、新疆各偏远地区，南至云南、海南等省，北至黑龙江、内

韭菜馅饺子

韭菜炒河虾

韭菜盒子

韭菜炒蛤蜊

山东寿光独根红

蒙古等地，随处可见到韭菜栽培。

河北、河南和山东是韭菜最大的种植区，尽管国人并不挑剔韭菜的品牌，但来自优质产地的韭菜还是备受青睐，诸如获得国家地理标志的产品：四川唐元韭黄、山东寿光独根红、河北南宫黄韭、甘肃武山韭菜、黑龙江呼兰韭菜、内蒙古临河新华韭菜等。

韭菜于9世纪传入日本，后逐渐传入东亚各国，北至库页岛、朝鲜，南至越南、泰国、柬埔寨，东至美国的夏威夷等均有栽培。在中亚地区也是长期食用的蔬菜，韩国有韭菜泡菜、韭菜饼，越南人常用韭菜炒菜或调味，印度和尼泊尔人也用其作为调味品。

韭菜壮阳吗？

在民间传说里，韭菜号称壮阳草。曾经有一个北京爷们儿初到上海，发现有点档次的饭店都没有韭菜。他十分恼怒地在网上发言称"终于知道为什么上海人都阳痿了"，结果引发地域文化的论战。

上海男人奋起反击，每年开春韭菜上市就是沪上最热销的蔬菜，但识相知趣的上海人一般只在家里吃韭菜，避免刺激的气味引发别人的厌恶，这种文化细节中的文明比北方不解风情的大爷更高级。

海派文化低调含蓄精致文雅，京派文化粗狂张扬高调外露。

科学地说，韭菜中含胡萝卜素、蛋白质、多种维生素，以及钙、磷、铁等微量元素多达20多种。但是直到现在，还没有发现一种能作用于我们的生殖系统，从没听说谁多吃了韭菜就犯生活作风错误，倒是有人因满口韭菜味道被女朋友踢下床去。

韭菜的隐喻

韭菜也是资本市场散户的代言，股市、币圈、ICO、P2P……都是一个个韭菜收割场所。在这里钱是衡量人生价值的标准之一，在贪婪的荒野上欲望蓬勃生长，新老韭菜们前赴后继轮番入场。

牛津大学历史学博士尤瓦尔·赫拉利在《人类简史》里说，只要你能成功地讲出一个故事，并且忽悠一帮人信，就可以开始收割韭菜。

目前国家也在积极出台相关政策，遏制各种"割韭菜"行为。

佛家和道家都有五荤的禁忌，韭菜一直名列其中，天地不正之气所生的食物味重气毒，吃后气味难闻不利于和人与神仙的沟通，还妨碍自己的修为和成长，所以被打入冷宫。道家五荤指薤、蒜、韭、葱、胡荽（香菜）；佛家五荤指大蒜、葱、薤头、韭菜、兴渠。

对于红尘俗世的芸芸众生来说，春风十里不如春韭炒咸肉，只是韭菜依旧，做咸肉的黑猪却不好找了。

国家
番茄
地理

番茄的经历，是一个从野丫头变身为妖女，
继而演变为国民美女的故事。

未成熟的青番茄

绿番茄

番茄，是一种妙物。它玲珑乖巧，却招惹了不少是非。起初，它只不过是生长在南美洲安第斯山脉里的野生浆果，色彩娇艳，学名叫醋栗番茄。当地人曾误以为它是毒果，称之为"狼桃"。

番茄是茄科一年生草本植物，未成熟的青色番茄含有被称为龙葵碱的生物碱糖苷，食用会令人感到苦涩，多吃则可导致头晕、恶心及全身疲乏等症状。但番茄属类中单有一种绿番茄，果实成熟和未成熟时都是绿色的，和未成熟时的青番茄长得很像，令人难辨真假。

16世纪，一些金发碧眼的西班牙殖民者远涉重洋，把番茄带回了欧洲。一位公爵大人还把它当成稀罕的宝贝献给英国女王，令她芳心大悦，谕旨封其为"情人果"。从此，王公贵族

番茄花　　　　　　　　　　　　　　烤比萨上经常少不了番茄的身影

的私家花园里都出现了番茄的身影。但人们只是把它当成观赏植物和象征爱情的礼物。

　　欧洲人也有过番茄"中毒"的案例。某贵族在宴会上隆重推出番茄作为食物，但有人食用后出现中毒症状，其实真正的罪魁祸首是含铅的金属果盘，却令番茄背上毒果的恶名。从植物到食物的过程，也是人类的冒险历程。一位法国画家在给番茄画静物写生后，实在抵挡不住它的诱惑，决定冒死一尝，然后躺下等死。结果是人类食物谱系上又增添了一个惊艳的新品种。

　　很难想象如今的欧美人离开番茄怎么吃饭。如果没有番茄，西餐菜谱恐怕要彻底改写一番。无论是拌沙拉、做意面，还是烤比萨、煨浓汤，番茄都是要粉墨登场的角色，就连快餐店热销的炸薯条，如果没有番茄酱的搭配也要逊色不少。

　　番茄最初进口到美国时，海关认为它可以直接食用，属于水果，所以要交纳关税；而商家则认为番茄需要烹饪，属于蔬菜，应该免除关税。双方争持不下，只得诉诸法律来解决。最后，法院认定番茄属于蔬菜，才了结这一公案。其实，水果也好蔬菜也罢，都是人类自我划定的概念藩篱，跟番茄本身没有关系。

　　作为地球上最喜欢吃的一群人，中国人和番茄的亲密接触史，要落后于西方世界一百年。番茄和向日葵有点像中国相声逗乐子的俩角儿，约好跟着西洋的传教士一起，来到明朝万历年时的中国。因为来自西方又酷似柿子，番茄起初被称为"番柿"，民间多称之为西红柿。明末一位山东籍的官员王象晋辞职返乡务农，编写了一本植物种植指南《群芳谱》，其中记载有"番柿一名六月柿。茎似蒿，高四五尺，叶似艾，花似榴，一枝结五实，或三四实……草本也，来自西番，故名。"

尽管番茄外形讨喜，但它在中国的发展仍比较缓慢。20世纪30年代，我国东北、华北、华中地区才逐渐种植番茄。世间之物，有人弃之若破帚，也有人甘之如珍馐。番茄的叶子有臭味，台湾北部称之为臭柿。台湾南部的人则用它做饮品，称之为"柑仔蜜"。清乾隆时的《台湾府志》记载："柑仔蜜，形似柿、细如橘、可和糖煮茶品"。

中华人民共和国成立后，番茄开始大面积种植，它作为一种重要的经济作物，产量远远高于其他蔬菜作物，种植效益可观，迅速成为各地的主要蔬菜作物之一。时至今日，番茄早已广泛融入了中国的菜系之中，南北通吃。若论大众美食记忆，人们印象最深的还是三大样：番茄炒鸡蛋、雪山盖顶（糖拌番茄）、番茄鸡蛋汤。

坊间也有关于番茄原产中国的说法：1983年，成都凤凰山意外发现一座西汉古墓，出土了一批藤、竹材质的箱子，里面居然装有一些已经炭化的稻谷。考古工作人员将这些藤竹笥运到文物仓库，几天后发现里面竟然长出了一些植物幼苗。移植栽培之后，它们陆续开花结果，人们才发现居然是番茄。

番茄幼苗

"成都发现西汉番茄"的消息不胫而走，考古学者也兴奋地用中国南方野外有很多本土野生的番茄植株（实为逸生野化植株）作为旁证，宣称"中国自古以来就有番茄"。这当然是件非常可喜可贺的事情，只是冷静寻思，其中自有破绽存在：为什么墓中的杏核和稻谷都已经炭化，唯独番茄种子没有炭化，还能健康地长出幼芽、开花结果？何况番茄的种子一般只有8~10年寿命，忽然具备穿越千年的生命力，这事儿就更不可思议了。囿于技术条件的限制，这批番茄种子当时没有经过放射性碳年代测定，如今已经无法确定其真实的来源。

但考古上的孤证，显然还不足以推翻番茄原产美洲的结论。最合理的解释只能是，这些番茄种子恐怕是那些藤竹箱子出土后才蒙混进去的。其实，真正令人自豪的是：中国已经一跃成为世界最大的番茄种植国，每年可以为全球提供五千多万吨优质番茄蔬果产品。

对于人类来说，相对于番茄的出身地，更重要的是它的族群繁衍，番茄历史上曾被人类多次驯化和"整容"：圣女果近些年才被引进到中国市场，很多人觉得它是新培育的品种，甚至有人传说它是转基因食品。其实它才是最接近原始品种的番茄，它保留了原始番茄更多的特性，所以味道更浓郁，甜度也更高。而我们现在最常见的大番茄，才是被人类驯化改良后出现的。

千禧果和圣女果长得挺像，但它的个头短而圆润，红色也较深。它其实是在圣女果的基础上培育出来的新品种，最初的产地是在中国海南，它比圣女果甜度更高，更适合作为水果食用。

圣女果

千禧果

西班牙布诺尔的番茄节

　　草莓柿子（又叫鹰爪柿子），是将从日本引进的品种在东北改良后产生的，多在盐碱地中种植，清新可口，甜度适中，有一股清新原始的味道。

　　番茄子富含番茄红素和各类油溶性维生素，以物理压榨方式从新鲜番茄子中提取的番茄子油对前列腺癌、消化道癌、宫颈癌、皮肤癌等疾病有明显的预防和抑制作用。全世界番茄很多，但番茄子油极少，因为加工复杂。一吨新鲜番茄只含不到三公斤番茄子，加工后最多才能获取将近一斤珍贵的食用油品。在一些西方国家，番茄子油主要用作护肤化妆品基础油或精油，在食品和医药领域有广泛应用。

　　有人感叹像番茄这样的身兼多职的全能作物，大果品种可作蔬菜，小果品种可作水果，种子还可以榨油，简直就是植物界的良心！

　　番茄是世界上最有价值的果实。因其富含抗氧化的番茄红素、多种维生素和矿物质等，且具有低热量优势，而被称为"世界第一大果蔬作物"，在番茄、黄瓜、甘蓝和洋葱四大蔬菜作物中位居第一。

　　番茄，还是人类表达欢乐与激情的道具。小镇布诺尔的番茄节每年吸引着成千上万的游客，成为西班牙的一个传统节日。

　　中国农业科学院的国际科研团队在发布的一项研究成果中称其揭示了"世界第一果"番茄在驯化和育种过程中营养和风味物质发生的变化，及其调控位点，为番茄果实风味、营养物质的遗传调控和全基因组设计育种提供了路线图。据说这项成果将"培育出更好吃的番茄，送上居民餐桌"。

　　转基因的大豆、玉米，已经造成人类的争议和社群的撕裂。转基因的番茄，会赢得人类的欢心吗？

国家

番薯

地理

番薯，是最具人间烟火气的作物。

番薯

　　我的朋友老袁是苦孩子出身，家里总会囤积一些干粮，笑称防备"兵荒马乱"。

　　老袁大学的专业是历史，作为国家一级编剧，他对社会的认知清醒又兼具想象力。

　　我们从城里搬到乡下住了两年多，各自的院子都有菜地，种植了蔬菜瓜果。"咱们得种一些番薯、玉米和土豆！"他斩钉截铁地说。茶余饭后，偶尔聊聊国事、家事，还有农事。譬如：番薯这种原产于南美洲的玩意儿，为什么会成为中国人消除生存焦虑的首选之物呢？

番薯的际遇

400年前，番薯以一枚偷渡者的身份来到中国。番薯是一年生草本植物，在不同方言区有着不同的称谓：红薯、甘薯、红芋、番芋、地瓜、红苕、白薯、金薯、甜薯、朱薯、枕薯、番葛……

明朝万历年间，在吕宋（今菲律宾）经商的福建长乐人陈振龙、陈经纶父子俩，谋划将当地种植的一种叫"甘薯"的块根作物，引进到山多田少、土地贫瘠、粮食不足的家乡。当时菲律宾为西班牙殖民地，严禁甘薯出境。陈氏父子将薯藤绞进汲水绳中，涂抹污泥，躲过关卡的检查，连续航行七天，终于将此奇货带回到福建。

番薯传入中国后，显示出强大的适应力。在越是贫瘠荒凉的地方，它越是藤蔓葱茏、蓬勃旺盛。番薯的亩产量能达到五千斤，是稻谷的二十倍。加上"润泽可食，或煮或磨成粉，生食如葛，熟食如蜜，味似荸荠"，所以迅速在福建推广传播开来。

后来江南水患，五谷不收，饥民流离。科学家徐光启自福建将番薯引种到淞沪上海一带，随之向周边的江苏传播，番薯成为济世救民的宝物。清朝时，番薯已经普及到浙江、河南、山东和华北平原。清乾隆时期，朝野上下积极推广，番薯先后在云、贵、川等西南地区开花结果，成为仅次于水稻、小麦和玉米的第四大粮食作物。因康熙乾隆时期人口数量持续增长，有人将这一历史阶段称为"番薯盛世"。

农民在收番薯

目前，世界上番薯的主产区有中国、尼日利亚、坦桑尼亚、乌干达、印度尼西亚、越南、马达加斯加、安哥拉、莫桑比克和巴布亚新几内亚等。

番薯的色相

番薯，它可以蒸，可以煮，可以烤，可以炸，可以焗……可以作为街头小吃，也可以混迹筵席。番薯全身是宝，嫩叶和根茎可以炒菜或当饲料，块根可做主粮，也可加工为食品、淀粉和酒精。

番薯沙拉　　　　　　　天妇罗　　　　　　　　炸薯球

烤番薯　　　　　　　　焗酿甘薯饭　　　　　　焦糖地瓜

番薯酥　　　　　　　　清炒苕尖

中国哪里的
番薯
最好吃？

一个地方，根据风水土壤、历史传承、口味习惯等特性，有的追求产量，有的讲究品质，逐步形成具有本地特色的番薯品种。大凡世间良品，日久天长总会为大众认知。

连城红心地瓜。产自福建连城，深加工的红心地瓜干，位居"闽西八大干"之首，在清朝乾隆年间就已成为宫廷贡品。

竹山番薯。台湾岛内几乎各县市皆产番薯，其中又以彰化、南投、云林、嘉义等县市产量较大，尤其是南投竹山的番薯质量最优。

红蜜薯。产自福建六鳌半岛，以香、甜、糯、可口诱人著称，是公认的又甜又好吃的番薯

烟薯25号。在河北、山东、河南广泛种植的烟薯25号，是市场上非常受欢迎的品种，性价比很高

澄迈地瓜。产自海南澄迈的桥头地瓜，属于富硒地瓜，在市场上小有名气

天目山小香薯。产自浙江临安，具有粉、甜、香、糯四大特点，口感细腻，香味浓厚

跟番薯有关的生意

　　番薯，是晦暗人生中的一道亮色。每逢经济萎靡不振，失业危机陡增，就有不少人盘算卖地瓜能否赚钱养家。知乎（一个网络问答社区）上有一位网友提问：自主创业卖烤地瓜，算上烤炉、煤和手推车，成本需要多少？一个月可以回本吗？众多的回复中，有人算了一笔账：每个地瓜卖3元，一天能卖掉300多个，利润肯定过万。只是烤地瓜的售卖地点很重要，最好选择地铁站附近，上下班人流量大，而且他们都处于空腹或饥饿状态下，很难抵挡烤地瓜的飘香。还有人论证烤地瓜多年来为什么没有弄成门面，结论是房价高涨，扼杀了一个颇有前途的食品连锁品牌的诞生。

　　"当官不为民做主，不如回家卖红薯"。这是旧社会有点骨气的七品芝麻小官，遇到为难事时给自己留下的一条退路。

番薯羹

国家

苦瓜

地理

甜，是舌尖的谎言。
苦，是人间的正味。

不同形状的苦瓜（图1、2）

夏季是吃苦瓜的好时节。

苦瓜，是蔬菜界的另类。世上的各式瓜果，都往甘甜媚人的道路上狂奔，唯有苦瓜傲然独立，一直保持着孤苦清高的脾性。

苦瓜多种植于东印度及东南亚一带，欧美也有移植，不过主要是作为观赏植物。

苦瓜可炒食、可生食，可干制也可腌渍。通常人们食用苦瓜的嫩果，其实它的嫩梢、嫩叶和花也可食用。明朝以前的中国人，都没吃过苦瓜。当代的吃瓜群众，吃的都是甜瓜。据说是郑和下西洋时，才把苦瓜带回来。

中国人是世界上最能吃"苦"的族群。只有在中国，苦瓜才从南到北受到最广泛的欢迎。

真正的白玉苦瓜　　　　　　　　　台北故宫博物院的"白玉苦瓜"

　　长江是中国地理的重要区划线，也是中国苦瓜品类的分界线。长江以南，气候潮湿溽热，苦瓜果实的颜色以绿色和浓绿色品种为多，苦味较浓，食用起来清热祛毒功效最佳；长江以北，气候相对干燥温和，苦瓜则以淡绿色或绿白色品种为主，苦味较淡。

　　爱吃苦瓜的中国人，大多居住在广东、广西、海南、福建、湖南、四川等省份。苦瓜品类繁多，单从外形可分大小两类：大苦瓜呈长条状，小苦瓜呈纺锤状。在不同的地区，苦瓜有着各自的名称，譬如凉瓜、癞瓜、癞葡萄、锦荔枝、金铃子、红娘等。

　　台北故宫博物院藏有一款"白玉苦瓜"，为清朝工匠用羊脂玉雕琢而成。两只苦瓜依偎紧靠，好似并蒂而生，饱满圆润，温润含蓄，生机盎然。

　　台湾农人用花莲县的山苦瓜种，培育出现实生活中的白玉苦瓜，并被引进至大陆试种、推广，成为苦瓜圈的新贵。

苦瓜美食谱

　　美食的最高境界，是一桌苦瓜全席宴：凉菜（凉拌苦瓜）、热菜（辣椒豆豉炒苦瓜、苦瓜炒鸡蛋、凉瓜炒田鸡、凉瓜排骨、酿苦瓜）、汤（蚌肉苦瓜汤）、甜点（糖渍苦瓜干）……最后，上一杯滋味隽永、醇厚爽口的苦瓜茶。苦尽甘来是中国人的生存哲学。

苦瓜炒鸡蛋

苦瓜炒虾

酿苦瓜

苦瓜汁

苦瓜人生

至少有两个爱吃苦瓜的人，名字留在了青史上。

一个是广西籍的北漂画家朱若极，曾经贵为公子哥，后来家道败落，不得已出家为僧。苦瓜是他的人生况味。他几乎餐餐不离苦瓜，甚至供奉案头朝拜，自称"苦瓜和尚"。他的画无论花草树木还是山川河流，奇险秀润中藏着一种苍莽苦涩的韵致。他生前贫困潦倒，死后作品却拍出上亿的天价。吴冠中称他为"中国现代美术的起点"，他为世人熟知的名字叫石涛。

一个是湖南籍诗人毛润之，写过一首"挥手从兹去，更那堪凄然相向，苦情重诉。眼角眉梢都似恨，热泪欲零还住……人有病，天知否？"后来成为开国领袖，他曾经设饭局招待末代皇帝溥仪，一道辣椒炒苦瓜，吃得溥仪额间满是汗珠，心内五味杂陈。

悲欣一生付歌吟，乐既沉酣痛亦深。莫愁道孤无知己，天下满是同路人。苦瓜人生有三层境界：少年吃瓜家宴上，懵懂哑舌头。壮年吃瓜酒楼中，万般无奈、豪情随逝风。暮年吃瓜枯藤下，心已如死灰。江湖知交半零落，一行清泪、潸然到天明。

苦瓜，是苦涩人生的一剂解药。

瓜界
之战

吃瓜，也得有文化。

甜瓜　　　　　　　　西瓜

华夏古国是这个星球上最大的"瓜国"。瓜界的战争，一直持续了3000多年。

黄台之瓜

"黄台之瓜"其典故出于唐高宗时期，朝政由皇后武则天代理，武后权欲熏心，先废太子李忠，后杀太子李弘，继位太子李贤日夜忧思，作《黄台瓜辞》劝谏母后："种瓜黄台下，瓜熟子离离。一摘使瓜好，再摘使瓜稀。三摘犹自可，摘绝抱蔓归。"

当大家都在猜测用典中所指谁是瓜，谁又是摘瓜者时，却忽略了一个核心问题：黄台之瓜，到底是什么瓜？

甜瓜和西瓜，是华夏"瓜国"的两股大势力。黄台之瓜，两者必居其一。

甜瓜之路

甜瓜本是起源于非洲大陆的野生物种，因美味而获得人类的赏识，从此随着人类的迁徙路径，逐渐在这个奇异的星球上开枝散叶，从热带地区向温带地区延展开来。其中，甜瓜族群中的一支厚皮部落，从古埃及进入中近东，进而来到中亚（包括中国新疆）和印度大陆。地处北温带的中亚大陆以及中国新疆地区，日照丰盈，干旱少雨，土壤多沙砾，甜瓜落地生根，美味冠绝天下。

公元6世纪的《梁书》记载："于阗国（今和田）……西山城有房屋市井、果瓜、蔬菜。"

道教全真派掌门长春真人丘处机曾经游历漠北和西域，其弟子李志常所著《西游记卷》，记载了他们在新疆吃瓜的感受："重九日至回纥昌八剌城（即彰八里，在天山北麓，已湮没）……甘瓜如枕许，其香味盖中国"。

1959年，新疆吐鲁番高昌故城挖掘的晋墓中，竟然发现有半个干缩的甜瓜，在南疆巴楚县考古发掘的南北朝古墓里，也找到一些厚皮甜瓜种子壳。

进入印度次大陆的甜瓜部落，逐渐演进分化，形成薄皮甜瓜族系，再一路北漂，来到中国的黄河流域和长江流域。

香瓜是很多中国人对薄皮甜瓜的俗称。由于气候环境条件的影响，香瓜植株和果实较小，皮薄而脆，不耐贮藏。但香瓜也有明显的优势，它们能适应温湿环境，抗病力强，可以粗放管理，很讨农人喜欢，其足迹扩散到北至东北三省，南至广东、云南等广大区域。乡村集镇的摊点上，盛夏常见香瓜的踪影。

甜瓜

香瓜

古雍州的豳地，位于黄土高原沟壑区，泾河谷地，今属陕西旬邑、彬县一带，西周先民部落在此繁衍生息。"七月食瓜，八月断壶，九月叔苴，采茶薪樗，食我农夫。"《诗经·豳风·七月》记载了这个农耕部落四季的劳动生活，春耕、秋收、冬藏、采桑、染绩、缝衣、狩猎、建房、酿酒、劳役、宴飨……吃瓜，是当时社会的风俗画之一。甜瓜，是王公贵族祭祀先祖的佳品。《诗经·小雅·信南山》描述周代的京畿地区："中田有庐，疆场有瓜，是剥是菹，献之皇祖"。

种瓜得瓜，种豆得豆。种不种瓜，是一种人生态度。秦亡汉兴之际，曾经的东陵侯邵平沦为一介布衣，他隐居在长安城东，以种瓜卖瓜为生。唐朝诗人王维专门写下"路旁时卖故侯瓜，门前学种先生柳"的名句。南宋风雨飘摇，诗人陆游的选择则是"懒向青门学种瓜，只将渔钓送年华"，一叶扁舟浪迹天下，也是当时许多文人一生漂泊命运的写照。

无论乱世还是盛世，几千年来，甜瓜在中国顺风顺水，逐渐壮大，拥有广泛的群众基础。西晋《广志》曰："瓜之所出，以辽东、卢江、敦煌之种为美"。东北、江浙和西北，成为中国甜瓜的大本营。厚皮甜瓜和薄皮甜瓜之间，虽有甜度高下之争，但因各自所处地域环境不同，吃瓜群众各有所爱。如果不是西瓜的突然出现，甜瓜，将一直是吃瓜界无可争议的主角。

西瓜之谜

西瓜的来历，曾经是华夏古瓜国的一桩公案。史学家和农学家分为两大阵营：一是"国产派"，认为西瓜是中国原生物种，为上古神农尝百草时所发现，原名"稀瓜"，后讹传成了"西瓜"。一是"进口派"，认为西瓜原产于非洲，是外来物种。

1959年，于浙江杭州水田畈村，在一处新石器时代遗址中，赫然发现了原始"西瓜子"，令缺乏信史和物证支持的国产派精神为之一振：这不仅证明中国是西瓜的原产地，还把中国栽种西瓜的历史提前到了4000年前。

随后，各路"捷报"纷纷传来：1976年，在广西贵县罗泊湾西汉墓椁室淤泥中，发现

西瓜

了"西瓜子"；1980年，在江苏扬州邗江胡场汉墓随葬漆笥中，发现了"西瓜子"。但这些"考古发现"都被科学鉴定结果一一"打脸"：杭州新石器时代的"西瓜子"，是葫芦或瓠瓜的种子；广西和江苏发现的"西瓜子"，实为粉皮冬瓜的种子。至此，中国西瓜"从国外引进说"重新为学术界所公认。

西瓜的原产地也在非洲，如今北非苏丹境内还生长着大片原生的野生西瓜，被认为是西瓜的起源中心。

最早吃西瓜的中国人

"西瓜"一词，最早出现于五代时期的典籍。安徽绩溪人胡峤，原本是宣武军节度使萧翰的书记，他随萧翰进入契丹，后因萧翰被杀，胡峤被契丹扣留七年才回到中原。胡峤在《陷虏记》中写道："遂入平川，多草木，始食西瓜。云契丹破回纥得此种，以牛粪覆棚而种，大如中国冬瓜而味甘。"

胡峤，算得上是最早吃上西瓜的中国人。但从他以后，中国史籍中再无西瓜的踪影，直到南宋时期，一个江西人的出现才改变了历史。公元1143年，南

宋朝廷发生了一件大事：曾经的国家特使、礼部尚书洪皓，终于在被金国扣留十五年之后，得以返回临安。被称为"苏武第二"的洪皓，带回了金人种植的西瓜种子，从此江南开始广泛种植西瓜。洪皓在《松漠纪闻》中说："西瓜形如匾蒲而圆，色极青翠，经岁则变黄，其脉类甜瓜，味甘脆，中有汁，尤冷。"

中国最早的"吃瓜图"描摹（内蒙古敖汉旗羊山一号辽墓壁画）

西瓜一入中土，宛如世间尤物，迅速博得广大吃瓜群众的欢心。文人墨客纷纷散发灵感："西瓜足解渴"（方回）；"西瓜黄处藤如织"（汪元量）；"年来处处食西瓜"（范成大），"醉拾西瓜擘"（董嗣杲）……传诵最广的是明代才子解缙所撰西瓜联："坐南朝北吃西瓜，皮向东甩；自上而下读左传，书往右翻"。

南宋后期，洪皓去世时，西瓜已在大江南北四处种植。各地考古成果也纷纷证实，辽宋时期，西瓜才有规模地出现在大众的日常生活之中。

在湖北省恩施，曾发现一块南宋咸淳六年（公元 1270 年）的"西瓜碑"，记录了当时西瓜的四个优良品种：云头蝉儿瓜、团西瓜、细子瓜（御西瓜）和回回瓜。

1995年秋天，敖汉旗四家子镇闫杖子村农民挖坑时，发现了三座辽金墓葬。令人惊喜的是，在其中一个墓室墙壁上，发现了一幅描述契丹贵族生活的壁画。在这幅"宴饮图"中共有四名男子：主人头戴幞巾，身着红色圆领窄袖长袍，侧身向右端坐；主人右侧为两名侍者，均穿圆领窄袖长袍，前者戴幞头，身体前躬，双手捧一内盛瓜棱小盏的海棠盘，做恭敬奉献状；后者戴毡帽，双手捧一大方盘，内盛食物。

特别显眼的是，在主人身前的砖砌浮雕黑色方桌上，放有两盘水果，一竹编式浅盘内放有石榴、桃子和枣等水果；另一黑色圆盘内赫然放着三只大西瓜。

据考证，此墓葬筑建于辽圣宗耶律隆绪太平年间。推算起来，这三只西瓜距今已近千年，是迄今在中国古代绘画中发现最早的西瓜。

这样看来，唐太子李贤的《黄台瓜辞》的主角，应该是甜瓜而不是西瓜。

三彩西瓜

不过，江湖云波诡谲，又有一桩异事发生了。

1991年8月，在六朝古都西安，长乐中路派出所民警抓捕了几个盗卖文物的案犯，破获一只唐代"三彩西瓜"。考古人员闻讯，当即驱车前往西安东郊田家湾的一处砖厂基建工地勘察，只是所谓的唐代墓葬已被推倒，只残存土坑半壁墓土。这只来路不明的三彩西瓜，经陕西历史博物馆专家鉴定为"稀世珍品"。

陕西历史博物馆收藏的唐代"三彩西瓜"资料图

"三彩西瓜"立于敞口浅腹盘内，瓜与盘连体。瓜蒂为环钮状，瓜皮以绿釉绘出自然纹理。其文饰和风格，接近于唐代永泰公主墓所出的唐三彩器物。有学者由此推断，"三彩西瓜"当出现于公元七世纪末到八世纪初，这样的话，中国古代人吃西瓜的历史，可以从五代往前又提升二三百年。因为"三彩西瓜"不是正规考古挖掘出土的文物，很多学者怀疑这只瓜有假，伪造嫌疑很大，到目前也成了争议不断的一件公案。

跨世大战

甜，是甜瓜和西瓜生存发展的硬道理，也是它们吸引吃瓜群众的杀手锏。为此，双方投入大量资源，展开旷日持久的"军备竞赛"。

甜瓜阵营，先后研发出成百上千种杀手级应用，银白酥甜的"羊角蜜"，获得一众文雅淑女的欢心；绿皮金黄瓤的"三白"与"蛤蟆酥"，惹得年轻少壮者一试嘴劲；绵柔细腻的"老汉瓜"，让掉牙的老人还能依旧尝鲜……

西瓜阵营，以不变应万变，形态上将翠皮红瓤扩展到黄瓤，形体上推出娇俏可爱的玲珑瓜，有棱有角的方形瓜，吸引不少新新人类，还用无子西瓜迎合人类好吃懒做的特点……西瓜还大举攻入甜瓜的主场，将河南变成自己的最大根据地，同时派出精锐部队，在新疆、宁夏、甘肃、海南割据了大片的地盘。

更有甚者，双方都懂得动用关系打开局面。甜瓜推举产于哈密的极品瓜进

2019年新疆哈密瓜节，220多个品种亮相，令人眼花缭乱

17世纪的意大利画家乔瓦尼·斯坦奇（Giovanni Stanchi）的油画中揭示了当时的西瓜跟现在的大不相同

京送礼，获得康熙皇帝钦点为贡品并赐名，从此哈密瓜名扬天下，成为新疆甜瓜的总称。西瓜则拿下风流倜傥的乾隆皇帝，让他写了一首西瓜诗："堂中摆满翡翠玉，弯刀辟成月牙天"。从此，西瓜成为盛夏之王。

瓜界的战争，并非西瓜压倒甜瓜，也不是甜瓜压倒西瓜，而是双方都获得前所未有的繁荣。为了满足人民群众对美好生活的追求，甜瓜和西瓜两派公平竞争，使广大吃瓜群众共享了发展成果，获得感和幸福感不断增强，充分证明了"和合共生"这一生态文明观念的正确性。

如今，中国西瓜面积占世界总面积的60%以上，产量占70%以上；中国甜瓜面积占世界总面积的45%以上，产量占55%以上。中国人每年吃掉的西瓜和甜瓜，是世界人均量的二三倍。

中国，已经成为当今世界"第一西瓜强国"和"第一甜瓜强国"。

国家
柿子
地理

柿子的发展史，就是一部逐渐征服
人类视觉、味觉、心智的历史。

柿子

柿子的前世今生

　　中国地大物博，物产丰富，水果家族公认的五大水果由葡萄、柑橘、香蕉、苹果、柿子组成，溯源它们的原生家庭，葡萄、香蕉分别原产自西亚和东南亚，是典型的外来户；苹果、柑橘血统还算纯正，但中国也只是原产地之一；唯有柿子祖籍中国，是土生土长的鼻祖果品，足以令国人引以为傲。

　　史料记载，柿子原产自中国长江流域及西南地区，距今已有3000多年的栽培史。在中国甚至发现了250万年新生代野柿叶的化石，考古学家还在湖南长沙马王堆三号汉墓中，发现了柿饼和柿核，进一步印证了早在汉代中国神州大地就有柿树栽培。

日本人对柿子情有独钟，甚至在吉野市建立了世界上最早的柿子博物馆，但柿树于唐代才传入日本，其栽培史仅有1300多年。因此，有少数日本学者认为"柿子的原产国也包括日本"的说法是不准确的。柿子的原产地，非中国莫属。

柿树于15世纪传入朝鲜，18世纪传入法国；美国1863年才从东方国家引入柿种；20世纪初，地中海、意大利、南欧、埃及、阿尔及利亚，方有部分柿树栽培。

柿子别号"红嘟嘟"

东汉文字学家许慎编著的《说文解字》中释义："柿，赤实果也"。在民间，柿子别号"红嘟嘟"，可爱到汗毛直竖。

唐朝诗人刘禹锡《咏红柿子》："晓连星影出，晚带日光悬"。每到深秋，漫山遍野，红彤彤的小灯笼高高悬挂，千盏万盏撞入眼帘；秋风吹过，轻轻摇摆，宛若千把万把火炬在燃烧，在没有发明电的黑灯瞎火的远古，借着月色发出的这一团团火，无异于今天的灯光亮化工程。

唐朝诗人韩愈在《游青龙寺赠崔大补阙》的诗里，更是极尽渲染柿子"赤"的特点："秋灰初吹季月管，日出卯南晖景短。友生招我佛寺行，正值万株红叶满。光华闪壁见神鬼，赫赫炎官张火伞。然云烧树大实骈，金乌下啄赪虬卵，魂翻眼倒忘处所，赤气冲融无间断。有如流传上古时，九轮照烛乾坤旱"。万株柿树，犹如火伞，又如九轮照烛，令诗人魂翻眼倒忘处所！

《西厢记·长亭送别》一折中，也有一段脍炙人口的唱词："碧云天，黄花地，西风紧，北雁南飞。晓来谁染霜林醉？总是离人泪！"其中的"霜林醉"，说的就是柿林醉人的秋色。而据《永济县志》记载，"霜林红叶"在1500年前就已成为当地著名的景致。

柿子，最早是个生在民间的野丫头，可"天生丽赤难自

霜重色逾浓

硕果累累柿子林

弃"，一朝选在君王侧。

远古时期，柿子为野生状态，靠鸟兽传播，自生自灭；到了汉晋时代，被发现十分养眼，遂有谄媚者搜罗来，当作奇花异木，向帝王进贡，或向达官贵人送礼，柿子摇身一变，贵为观赏树木，被栽植在庭园之中。

司马相如在《上林赋》中夸耀汉武帝兴建的"上林苑"内物产："卢橘夏熟，黄甘橙楱，枇杷橪柿……罗乎后宫，列乎北园"。柿，即为柿子。因柿子的金黄色代表高贵，深得中国帝王权贵的喜爱，常被用于庄严之所，除了御花园，还在陵寝、宗庙等处所大面积栽培，柿子由此从庙宇高堂流行开来。

柿子别名 "喝了蜜"

起初，人类对柿子的美味一无所知。华夏大地上，最早野生的柿子品种为涩柿，含有单宁成分，咬一口，会感觉到一种强烈的涩味。

直到南北朝时代，人们抵挡不住柿子的诱惑，有些人大胆实验，逐渐掌握了柿子的脱涩方法。

北魏贾思勰在《齐民要术》中记载："柿熟时取之，以灰汁燥，再三度干，令汁绝，著（置）器中，经十日可食"。用此法将柿子脱涩后，风味颇佳，就连皇帝也特别爱吃。

简文帝（梁）在《谢东宫赐柿启》里写道："悬霜照采，凌冬挺润，甘清玉露，味重金液，虽复安邑秋献，灵关晚实，无以匹此嘉名，方兹擅美"。简文帝成了柿子的"死忠粉"，认为晚秋水果就没有能和柿子媲美的。

据《礼记·内则》所记，柿果完美降服了先祖的味蕾，成了当时王公贵族用来供祭祀、招待宾客的珍贵果品之一。于是柿树由庭院观赏，进入零星果树栽植期。

民间给它起了一个特别诱人的别名——"喝了蜜"。

北宋诗人张仲殊也爱吃美柿，极尽夸赞："味过华林芳蒂，色兼阳井沈朱，轻匀绛蜡里团酥，不比人间甘露"。同时代的孔平仲，也为红柿风味所倾倒，赋诗曰："林中有丹果，压枝一何稠，为柿已软美，嗟尔骨亦柔。风霜变颜色，雨露如膏油……剖心无所有，入口颇相投"。可与人间甘露媲美的柿子，如膏油一般软美骨柔的柿子，那流心液体的爽滑口感，那花蜜一般的芬芳甘甜，简直就是醉了的味道。

到了唐宋时代，柿树进入了规模栽植期。人们对柿的优点，看得越来越清楚。唐代段成式在《酉阳杂俎》中总结："柿有七绝，一寿、二多荫、三无鸟巢、四无虫、五霜叶可玩、六

柿子熟了

柿饼

嘉实、七落叶肥大，可以临书"。意思是说，柿有七大好处：一是树的寿命长，繁殖结果期长达百年，就连万物灵长的人类也愧不能及；二是绿树浓荫，可以息凉；三是树上没有鸟巢；四是病虫害少；五是霜降后叶子变红，很有观赏价值；六是果实艳丽、品质好；七是叶片大，可以代替纸练字。

唐代流传一位名叫郑虔的学子，因家境清寒，买不起纸张，听说慈恩寺内积有数间屋子的柿叶，便借了一间僧房住下，以柿叶为纸练字习画，几经寒窗苦练，学业大进，后来把写诗作画的柿叶合成一卷，进呈唐玄宗，玄宗非常赞许，御笔题定"郑虔三绝"，而郑虔也最终考中了进士。

除了"七绝"，一些医学家还发现了柿的药用价值：柿子能止血润便，缓和痔疾肿痛，降血压；柿饼可以润脾补胃，润肺止血；柿霜能润肺生津，祛痰镇咳，压胃热，解酒，疗口疮；柿蒂下气止呃，治呃逆和夜尿症；将其记载于《本草拾遗》等医药书中。由于用途扩大，脱涩和贮藏加工技术改进，柿子栽植数量已相当可观，往往在一个地方就有成千上万株栽植。

柿子变身"铁杆庄稼"

元明清时代，柿子一度由水果变为粮食，更被称为"铁杆庄稼"。

相传明太祖朱元璋，幼时家境贫寒，常以乞讨为生。有一年秋天，他流落到剩柴村，正饿得头昏眼花，忽然发现废墟上有一株柿子树，结满了金灿灿的柿果，就上前摘吃了10颗，才得以活命。

后来他领兵打仗再过此村，看到那株柿树依然凌霜而红，便翻身下马，脱下身上的红袍披在柿树上，将有救命之恩的大柿树封为"凌霜侯"，并建庙永为纪念。

明代北方山区自然灾害频发，人们用柿果及柿饼，代粮充饥。明成祖朱棣在1406年编写《救荒本草》时，将柿树列入救荒植物之列。

据统计，一棵20~30年树龄的柿树，可摘300~400公斤柿果。清光绪1878年，"晋省大饥，黎城县民赖柿糠全活，无一饿毙者"。

20世纪五六十年代，在贫困山区，人们用软柿与杂粮参拌，晒干后磨成粉末，称作"柿糠"，用以充饥。在1959~1961年三年困难时期，食用柿子不知使多少人不患浮肿病。

试想，饥肠辘辘的凛冬，摘一颗冻结在树上的固体柿子，带着冰碴吃，那温暖又打颤的感觉，一定融入到血液，深入至骨髓。

柿子即可做水果，又可代粮食，真可谓水果界的良心！

柿子寓意：事事如意

柿子不仅可观赏，可满足味蕾，可代粮保命，最后还成了华夏民族的精神寄托。

中国人本来就对红色情有独钟，"中国红"在华夏大地流行了几千年，成为皇家标配；而红彤彤的柿子，喜庆辟邪，发音上"柿"与"事"谐音，被衍生出"柿柿"如意、喜"柿"连连、好"柿"成双、心想"柿"成、万"柿"大吉、"柿"业如火等祈祷与祝福理念，一举成为供奉祭祀用品，被用作生辰、庆贺、婚礼之吉祥器物。

因柿子多呈红色和圆形，民间有"永结同心"之象征。一些柿子之乡每逢男婚女嫁，常以柿子相赠，或以柿饼泡茶款待客人，以祝愿生活幸福甜蜜，新婚夫妇心心相印。

有两位名人将柿子融入自己的生命中。一位是老舍先生的夫人、著名女画家胡絜青。1950年，从美国归来的老舍先生，买下了北京丰盛胡同10号（今丰富胡同19号）的一所小院，并在庭院里亲手栽下两棵火晶柿树，分列窗前，连荣交

中国人爱在房前屋后种植柿子，寓意事事如意（图1、2）

颐，秋来硕果累累，胡絜青触景生情，将小院称作"丹柿小院"，将居室命名为"双柿斋"，每年摘下的柿子，都四枚一份，分送亲友，分享世世平安，她的女儿舒济至今延续家风，年年送熟。

另一位是画圣齐白石。他说："称世不能，只好画柿，借其音也"。自从他自称"柿园先生"以来，柿子学界不断取得概念突破。齐先生一生好画方柿，现存33幅，以柿子的数量，发明出"好事成双""五世同堂"；又与鹌鹑、苹果、芋头、白菜、游鱼等物种组合画法，演绎出事事安顺、世世平安、事事遇头、事事清白、事事有余等理念。

齐白石的一幅《六柿图》，在2012年曾拍出126.5万元的高价。当代画家冷军也喜画柿，他的《六柿图》，更是以313.6万元的天价成交。

"事事如意"是中国人的生存哲学，也是柿子的极致美学。人生无常，谁也不知道明天和意外哪个先来，唯有祈祷万事大吉。

中国十大名柿版图，果落谁家？

中国是世界上产柿最多的国家，栽培面积占全世界柿树总面积的89.75%，柿果产量占世界总产量的70.48%，2009年年产鲜柿240万吨，据说仅东北人吃掉的冻柿子，就可绕地球一圈。

据全国柿资源调查统计，我国柿品种有1058种，从色泽上可分为红柿、黄柿、青柿、朱柿、白柿、乌柿等；从果形上可分为圆柿、长柿、方柿、葫芦柿、牛心柿等；从果实脱涩程度可分为涩柿、甜柿、不完全涩柿、不完全甜柿。主产区为山西、陕西、河南、河北和山东五省，其次是四川、北京、广西、贵州、云南、广东、江西等地。

北京房山的磨盘柿，以大如拳头彰显着帝都的威武；山东人默默研发出莲花柿，以硬如金刚诉说鲁民的耿直坚强；陕西人出奇制胜，以火晶柿子"艳如火焰、剔透如晶"张扬古都的灵性。

那么问题来了，中国十大名优柿子品种产自哪儿？哪里的柿子最好吃呢？

陕西富平尖柿：人生至甜，莫过于此

富平尖柿，产于陕西省渭南市富平县，已有两千多年的历史。境内百年以上的柿树屡见不鲜，曹村镇马家坡附近唐顺宗丰陵的西侧，生长着一颗树龄有一千多年的"柿寿星"，其胸径达2.45米，冠幅17米，每年还可采收鲜柿约7.5吨。

富平尖柿，果个大，平均重225克，果形高，呈心形或纺锤形，四周呈方形凸起，皮色橙红、透明无子、汁多肉软、非常甜美。2013年获得国家农业部农产品地理标志保护。

陕西临潼火晶柿：水晶般剔透、甜而不腻

临潼火晶柿，因色红耀眼似火球，晶莹透亮如水晶而得名，果形瑰丽、无丝无核、丰腴多汁、皮薄如纸、极易剥离、清凉爽口，2008年获得国家地理标志产品保护。2017年，临潼火晶柿子栽植面积1.4万亩，年产鲜果2.8万吨。

作家陈忠实讲述老家的火晶柿："食时一手捏把儿，一手轻轻捏破薄皮儿，一撕一揭，那薄皮儿便利索地完整地去掉了，现出鲜红鲜红的肉汁，软如蛋黄，却不流，吞到口里，无丝无核儿，有一缕蜂蜜的香味儿"。当地人也有直接拿一根吸管插进去，吸着吃果肉的，他们把这种柿子称为挂在树上的"饮料"。

相传1900年时，地方官员曾以"临潼火晶柿子"向慈禧太后进贡，深受慈禧喜爱。

陕西富平柿子，已有2000多年种植历史。

火晶柿子

1975年秋，西哈努克亲王携妻引子到西安，路上发现了火晶柿。王子欲罢不能，吃下一盘火晶柿子导致夜里闹肚子，但离开时仍坚持带走一篮。

桂林恭城月柿：脆甜可口的"中华名果"

恭城月柿盛产于广西桂林恭城瑶族自治县，因去皮晒成柿饼后，质软透明，表皮有层糖分蒸发后形成的白霜，状如一轮明月而得名。现栽培面积9.8万亩，年产鲜果8万吨，柿饼1万吨，2001年被评为"中华名果"。

恭城月柿为脆柿，色泽鲜艳、个大皮薄、肉厚无核，不同于包裹着果酱的软柿子，月柿火红的果皮下藏着一颗脆实的心，一口下去，厚实紧密的果肉炸裂开来，汁水四溢，甜而不腻。

恭城月柿还有一个与众不同的特征，它的蒂盖是呈四方形的，恰似一枚铜钱。

自2003年以来，每逢月柿收获的季节，恭城都会举办隆重的"月柿节"，以庆祝金秋的到来和丰收的喜悦。

湖北罗田甜柿：无需脱涩却甜到心坎

湖北省罗田县生长着3087株百年以上的甜柿古树，树龄超过300年的柿树281株，现存最老的甜柿树龄是483年。2012年，罗田县甜柿栽培总面积达3.8万亩，遍及罗田县12个乡镇，甜柿年总产量达6000余吨，获得国家地理标志产品保护。

与涩柿相比，自然脱涩的罗田甜柿简直太可爱了！因其鲜美艳丽，核少糖浓而圈粉无数。个大子少、皮薄肉厚、甜脆可口等优势，更促进了罗田甜柿的声名远播。

河南渑池县石门沟：牛心柿

牛心柿产于河南渑池县石门沟，因其形似牛心而得名。经脱涩处理后，酥脆利口、甘甜多汁，食后复思。

相传汉景帝对牛心柿十分倾心，因其无愧甘露之喻，曾赐予"糖柿"美名，在尝过牛心柿饼外白如霜、内赤似糖、口含可化、甘浸胆肠后，更加称赞不已；相传汉景帝的御史大夫王伯昌即来自渑池县，他曾当众置一柿饼于缶内，加冷水浸泡片刻，又以箸搅匀，竟化为糖浆，令大臣们惊叹不已。这正是牛心柿的奇妙之处。

山西永济青柿：其实是红柿？

晋南有："蒲州柿子郇州梨，子川的核桃没有皮"之说。永济古称蒲州，蒲州柿子说的就是"永济青柿"。明清时期蒲州青柿曾被作为贡品，进献皇宫。据光绪十二年《蒲州县志》记载："柿为蒲人利……雍正初常入贡……嚼饼数片，不复炊釜。"曾于1981年参加过巴拿马"万国博览会"，并获得一等金牌奖。

虽是红柿，却唤青柿，只因红里泛黄，黄里透青。个大皮薄、肉细浆多、味甜无子、极易脱涩的蒲州青柿，其神奇之处还在于，加工制成柿饼后，霜厚绵软，无核多汁，从中间掰开，足足能拉出一尺多长的油丝。因个头特别大，还可以在柿饼上面雕成各种图案。

河北元氏大红袍柿：日本首相点名进口

"元氏县，九道沟，沟沟里面有讲究。最属黑水柿子稠，黑水柿子红满沟"。九道沟之一的黑水沟，位于河北省元氏县，以产大红袍柿子而享誉华北。

大红袍柿子，又称满地红、绵柿，是河北省柿树中之翘楚。皮薄、肉细、个大丰满、色泽红艳、醇甜多汁、无子、软绵适口、易脱核。1974年，日本首相田中角荣访华时即提出要进口元氏黑水河大红袍柿子，至此，元氏大红袍柿子远销日本地区至今。

北京房山磨盘柿：大如拳头，甘如蜜

产自北京房山区张坊镇的"磨盘柿"，柿树面积1.9万亩，年产5000吨左右，因其"果实缢痕明显，位于果腰，将果肉分成上下两部分，形似磨盘而得名"。明成祖朱棣定都北京后，磨盘柿子作为贡品年年进奉皇城，万历年间编修的《房山县志》记载："售出北京者，房山最居多数，其大如拳，其甘如蜜"，平均单果重260克，最大单果重500克以上，被国家评定为"中华名果"。

北京人讲究大年三十吃冻柿子。在北京民俗中，柿子是吉祥如意的象征，圆圆的果实代表团圆美满，橙红的色泽寓意红红火火，大年三十吃冻柿子象征来年"事事如意"，日子"红红火火"。

杭州临浦方顶柿："憨厚"样貌，"矜持"甜

跟市场上常见的柿子不同，杭州临浦镇梅里村的方顶柿完全是一副"憨厚"的样貌。顶部方正，体形较大，平均每个重250~300克，最重的能达到500克左右，一个能顶3~5个普通柿子；颜色上，成熟的方顶柿是橘红色的，而市面上常见的柿子一般是大红色的。吃起来口感甜而不腻，水分足却又不会淌汁，"矜持"得恰到好处，跟别的柿子也不一样。

梅里村方柿，有的树龄在500年左右，有的树龄200多年，每年的柿子节，仿佛是在赶赴一场五百年的约会。

山东即墨灵山莲花柿：柿子界的柿金刚

以"钟灵毓秀、仙山圣母"闻名遐迩的青岛即墨灵山，近年培育出一种罕见的莲花甜柿。柿子底部有一圈纹路，外形酷似莲花，因这种天然"印记"而取名"莲花柿"。

莲花柿的横空出世，打破了"柿子专挑软的捏"的古老潜规则。昔日，柿子经过久置变软方可脱涩，越软的柿子才越好吃，而莲花柿恰恰相反，越硬越好吃。

莲花硬柿在成熟的过程中越变越硬，熟透摘下后即便160斤的人站上去，也不会有一丝损坏和变形。有了莲花底座，人踩不碎，能得起一个成年人，简直就是"柿子界"的柿金刚！而且至少能保存两个月，可以吃到春节，仿佛练就了"不腐之身"。

中国各地柿子美食

从南北朝时期柿子成为珍贵果品，进入餐桌，经过一千多年的饮食文化演绎，不少菜品新招式被源源不断地研发出来。一旦味蕾识过，便成为一生的爱恋。

涩柿脱涩的简便方法：1、用50~60℃的水浸泡，一天换二三次水，大概2天就可以拿出来吃了；2、用一些香蕉和苹果与柿子混装在一个密封的纸箱中，这种方式快而简便；3、在柿子皮上抹点白酒，然后存放起来，过一周即可变甜。

山东菏泽的曹州耿饼

由曹州耿庄（今菏泽）去皮的镜面柿晾晒、捏制而成的柿饼叫曹州耿饼。

去皮的天选之柿们被放到秫秸箔上晾晒，达到一定程度后，柿果便被捏成饼形，捂到缸里或卷于席中自然成霜，人称"霜果"，耿饼由此诞生。

耿饼的饼霜与其他柿饼略有不同，呈扁粒状，被称为"豆瓣霜"。靠着细韧的肉质、橙黄透明的色泽、霜厚无核、入口成浆、味醇凉甜等优势，曹州耿饼俘获了无数吃柿群众的芳心。

山东临朐的枯露柿饼

枯露柿有一种格外温暖的柿香，像新鲜打出的高级奶油，会忍不住拿近了使劲儿闻。果肉更是质嫩无渣、少纤维，口感滑溜溜像在吸柿子果冻。枯露柿与普通柿饼的最大区别，就在于它下了吊架才捏饼，既能保持水分，又避免表皮产生果糖，也就是常见到的那层白霜。

它的甜美，不靠捏不靠捂，完全依靠吊晒过程：日晒脱水，夜间降温，全靠温差糖化去涩。柔软的外皮兜着沉甸甸的溏心，内里稠浓水润，抿一抿，绵绵清甜的果肉便在舌尖轻轻化开。

除了配茶，还有一种神仙吃法。柿饼切厚片，塞入一坨淡盐黄油、奶油奶酪后用刀压平，就是看起来十分"侘寂"的高级茶点。柿香裹上一层浓郁的发酵奶香，再配一杯清茶，绝了！

黄桂柿子饼，西安小吃"一霸"

陕西临潼火晶柿，与砂糖、面粉一起，将核桃、桂花、玫瑰、豆沙等包裹其中，被放入滚油中煎炸，晶莹的橙红便染上了一抹成熟的色彩，变得格外迷人。

油煎的柿子饼，两面金黄，馅心绵软，馅料绚丽，芳香扑鼻。每逢金秋，西安钟鼓楼回民街的柿子饼摊前，便挤着一长串排队等候的食客。

盛放在盘中新鲜出锅的热柿子饼，一般讲究先用筷子把焦黄的外皮慢慢挑开，夹出里面的核桃、芝麻馅，细品品味，一旦觉得喉间甜腻，便可吃一口柿子饼的焦皮缓解，感受萦绕口中的柿子清香带来的味觉体验。

冻柿子冰淇淋：甜蜜打颤的味蕾绽放

把熟透的柿子洗净沥干，放入冰箱中冻硬；拿出后放置几分钟，柿子表面会起一层白霜；取一盆温水把冻柿子泡3~5分钟，剥掉外皮放入碗中就能开吃啦。

将成熟柿子用开水烫一下去皮，放入料理机打成果泥后，倒入不粘锅，大火煮开后转小火不断翻炒；为提升口感，可加入少量柠檬汁和白砂糖，翻炒至黏稠，又红又亮的柿子果酱就做成了。抿一口，心情瞬间变成艳阳天。入菜调味，橙黄鲜香。

洛阳柿子醋："万般果醇，止咳生津"

将红透还未软的柿子摘下，洗净晾干后放入大缸密封，自然发酵八个月，待闻到醋香就可打开醋缸；把里面的柿子捞出来放在另一缸里，加水，继续发酵，可制第二茬醋；而原来缸里剩下的就是醋了，往里面加少量红糖，醋的颜色呈透明的橘红色，喝起来浓酸中有一股余香。

据《展人记》记载："万般果醇，止咳生津""尝往洛阳买卖，声名渐行"。这是我国最早关于柿子醋的记载。柿子醋经自然发酵，没有任何添加，具有清热润燥、化痰止咳的功效，可以降血压、降血糖、软化血管、防止动脉硬化、消炎、养颜等。

柿子酒：微醺的甜蜜

清代查慎行十分钟情柿子酒："尚想青黄垂野径，忽惊红绿眩微醺。从今细雨残更后，每到醒时定忆君。"

兰亭诗画填词一首：《水调歌头》

金柿几时有？举头问青天。不知深秋老林，红了几千年？日日如火如荼，夜夜张灯结彩，望穿多少眼。风起似铜铃，摇曳鸟语婉。

移小院，低绮户，不胜艳。竞夸柿好，喜庆更兼流心甜。望君好柿成双，盼君喜柿连连，纵然古难全。但愿人长久，千里共缱绻。

你吃的不是柿子，而是柿柿如意的中国梦。

国家
面条
地理

唯一"面"之交，可识天下味道。

喇家遗址

黍，中国古老的农作物之一

1

2

喇家遗址出土的红陶碗及面条（图1、2）

一碗面的格局

　　2002年，中国青海，黄河上游，一群考古工作者在发掘新石器时代人类聚落遗址时，赫然发现了一碗面。这就是号称"东方庞贝"的喇家遗址，现场有一个倒扣于地下的红陶碗，揭开积满的泥土后，竟然有卷曲缠绕的面条状食物遗存，令世人震惊不已。这碗面改变了世界面食文化的格局，一举将中国人吃面的历史往前推移到了4000年前。

　　此前，中国关于面条的历史记忆，最早只能追溯到东汉。而在世界上，意大利人和阿拉伯人都自豪地认为自己是面条的发明人，以面为主食至少有2000年历史。

　　喇家遗址展示的史前人类聚落，从事以种植黍（黄米）、粟（小米）等中国古老农作物为主的农业活动，喇家面条的成分也被考古人员确定为小米和黄米（俗称糜子）的混合物。有科学家对此提出疑义：他们通过实验证明，小米的特性是缺乏面筋蛋白，并不适用传统的拉伸方式制作面条，除非加入其他成分，比如现代面条的主要成分小麦粉。

从喇家文物面条的状况，我们已经无法考据其添加的辅助成分，但不同地理区域传承至今的饮食习惯表明，华夏先祖曾经用杂粮和稻米等制成面食。

小麦的旅程

高田种小麦，终久不成穗；男儿在他乡，焉得不憔悴。
——北朝民歌

作为现代面条原材料主角的小麦，起源于亚洲西部两河流域。它在中国登堂入室，则是另外一个漫长的故事。在石器时代，全球各个地理区域的人群，在农业系统与饮食上各自独立，自求生计，可谓"鸡犬之声相闻，老死不相往来。"

公元前5000年前后，原产于"新月沃土"[1]的新石器时代基础作物——大麦、小麦、燕麦、豌豆、小扁豆、蚕豆、胡麻等，向西远播到欧洲各地和地中海南、北两岸。向东则从高加索到兴都库什山脉，出现在土库曼斯坦、巴基斯坦和中国黄河流域。

如今人们常说的"麦"专指小麦，大麦在世界上主要做啤酒，目前全球80%的大麦被转化为这种世界级饮料。

中国最早发现小麦的考古遗址是在河姆渡流域附近。在新疆孔雀河流域的古楼兰小河墓地，也发现了4000年前的炭化小麦。当年的塔里木河和孔雀河下游一带沙漠绿洲中，水源充

---

1 "新月沃土"是美国考古学家形容西亚两河流域及周边的新月形地带。这里土地肥沃、资源丰富，曾孕育出古巴比伦、亚述、腓尼基、以色列等多个古文明。

小麦

手工面条

手工挂面

沛，植被丰茂，绿草如茵，农牧皆宜。

西亚新月沃土的农作物进入中国有三条路径：欧亚草原通道及长城地理沿线、沙漠绿洲通道（后来的丝绸之路）以及南方海洋路径。小麦的一条跨界旅途，就是从哈萨克斯坦东部出发，经天山南北、河西走廊、陇东而进入黄土高原西部。

在小麦传入中国以前，中国的长江流域在一万多年前，就已进入到以水稻种植为主的农耕阶段；黄河流域也在8000年以前，发展了以种植粟、黍等旱地作物为特色的农耕文明。

漫长的岁月里，作为外来物种的小麦，在中国人的餐桌上只是配角。人们习惯像大米和小米一样，将麦子蒸煮后制成"麦饭"食用，尽管可以充饥，但难嚼且不好消化，所以小麦一直"红"不起来。不过小麦的一项特异禀赋帮助它在华夏大地扎下根来，那就是超强的耐寒能力。

《诗经》中有云："十月纳禾稼，黍稷重穋，禾麻菽麦"。中国原有的粮食作物一般都是春种秋收。小麦可以秋种夏收，正好可以利用秋收之后的空闲劳力、土地进行生产，并在夏季粮食青黄不接之时接济百姓生计。这在饥馑灾荒频繁发生的年代，堪称黎民百姓的续命之物。

中国的能工巧匠们，又将小麦加工成粉，制成了饼、面条、馒头、包子、饺子……经过了一个漫长的本土化历程，小麦在中国的地位开始节节攀升，并成功地将麻（大麻）、菽（大豆）、苽（又称雕胡、菰米）等排挤出了主粮行列，最终成为一谷之下、百谷之上的粮食作物。

中国历史上多次大规模的南北战争，包括西晋战乱、唐代安史之乱和宋代靖康之变，引发更大规模的人口南迁，使得小麦在中国南方的种植区域也不断扩张。

小麦作为仅次于水稻的中国第二大粮食作物，这种地位就是在玉米、番薯、土豆等传入中国之后也没有撼动。

中国面食地图

中国人吃面有4000年之久，形成了一幅别开生面的面食帝国版图。

新疆，地处亚欧大陆腹地，一条古丝绸之路，将它和东西方文明紧密相连。小麦最早从这里传入河西走廊，进入中原。游牧与农耕的结合，产生了特色鲜明的新疆拌面。俗称"拉条子"的这种美食，将牛羊肉和各种蔬菜相搅拌，辣皮子肉拌面、皮牙子肉拌面、番茄肉拌面、蒜薹肉拌面、毛芹菜肉拌面……几乎有多少种蔬菜，就有多少种新疆拌面。

"三天不吃拉条子，身体就要打摆子"，新疆人和拌面一刻也不能分割。

过油肉拌面

过油肉拌面是新疆拌面最杰出的代表。吐鲁番盆地西边的托克逊县、准噶尔盆地东南缘的奇台县，是新疆拌面的两张社交名片。

青海

青海人和面、揉面、抻面、拉面手段高强，他们用手揪出"尕面片"，用杂面（青稞面）擀成"板凳腿"，用手搓成状如猫耳朵的"秃秃麻食"，还有"搓鱼""炮仗"和"破布衫"等名头怪异的面食，听起来就有一股朴实无华的乡土气息。

青海化隆的拉面还远走他乡，改头换面，在邻省获得认可。在甘肃的诸多地界，它们也被叫作兰州拉面。

甘肃

蓬蓬草，是制作拉面的辅助材料

拉面

蓬蓬草，是西北荒漠地带常见的苋科植物，植株火烧成灰后，可以取碱。甘肃人发现了蓬灰的奥妙，它使面团更具有延展性，兰州拉面因此也演化出无法比拟的味道，所谓："汤镜者清，肉烂者香，面细者精"。"一清（汤）、二白（萝卜）、三红（辣子）、四绿（青蒜）、五黄（面条黄亮）"，是识别真假兰州牛肉面的唯一标准。

陕西

遘遘面

（biáng）

　　西安城先后有十三个王朝轮流坐庄。陕西人，吃过不下十三种花式的面条：油泼面、臊子面、罐罐面、摆汤子、裤带面、饸饹面、刀饹面、旗花面、驴蹄子面、手撕面、削筋面、箸头面……陕西面要论花样排第二，中国其他地方不敢称第一。

　　最传奇的，要算油泼辣子遘遘面。"一点飞上天，黄河两边弯；八字大张口，言字往里走，左一扭，右一扭；西一长，东一长，中间加个马大王；心字底，月字旁，留个勾搭挂麻糖；推了车车走咸阳。"一个生造的合体字，写尽了地理山川，道出了世态炎凉。

山西

刀削面场景

　　山西，地处内陆黄土高原，汾河岸外，群山连绵，耐旱五谷，野蛮生长，自古有"小杂粮王国"的美称。山西巧媳妇能用擀、削、拨、抿、擦、压、搓、漏、拉等手段，魔术般变幻出各式各样的面条来：剪刀面、剔尖儿、饸饹面、手擀面、荞麦面、炒卤面……

　　三晋大地风味面食榜上，刀削面独树一帜，削面师傅如同大将军，阵前立马横刀，"一叶落锅一叶飘，一叶离面又出刀。银鱼落水翻白浪，柳叶乘风下树梢。"看厨师削面如飞，宛如欣赏一次民间艺术表演。

　　在山西人眼里，其他省份的面条是一道菜，山西的面条是文化。

河南

烩面

如果说有一个省，菜馆还没有面馆多，那就是河南。

如果没有吃过河南卤面、开封鱼焙面、郏县饸饹面、新野板面、洛阳浆面条、邓州糊汤面，还有信阳空心面、豫西糊涂面，那就算是吃面的门外汉。唯有烩面，屹立在群星荟萃的河南面食谱最前沿。

一碗厚薄有致的老烩面，熬出骨髓白汁的羊汤，配上海带、粉丝、千张、鹌鹑蛋。不管面多香，肚子多饿，河南人也要先喝汤，再吃面，就着羊油辣子和糖蒜，不慌不忙，不急不慢。

一份烩面里头，藏着河南人的中庸之道，成就中原文化的经典。

北京

炸酱面

北京人的一生，都有面条贯穿其间。"初一的饺子，初二的面"，孩子出生吃"喜面"，满月吃"满月面"，长大过生日吃"寿面"……若是有人升迁、发迹，北京人也要吃面庆贺，面条越长，暗喻"做官越长久"。炸酱面、余儿面、打卤面，是北京的"人生三面"。

从炸酱面的制作过程，可以看出北京人的讲究：黄酱必选"六必居"，猪肉最好五花十层，擀面要白、细、薄、筋、光，面码则随季节而定，有萝卜、白菜、青豆、黄瓜……

不管哪种面，你如果能吃到北京胡同人家自己做的面条，才最地道，绝对是大饭馆里吃不到的正宗味道。

河北

豆角焖面

燕赵之地，古风醇厚。河北人，实在。吃面，也不花哨。

豆角焖面是河北最常见的传统面食，面条筋韧，豆角脆嫩，咸香味浓，可以补充一天辛苦劳作的体能。囫囵面，卤子都是家常食材：茄丁、肥肠、腌肉、西红柿、鸡蛋等，最能体现多种家常饭菜的味道。还有卤汤香浓的东关面条，肥瘦相宜灵寿腌肉面，古法手工、憨实耐饥的磁州拽面，"香得人鼻子一顶一顶"的赵县杂面汤……

　　数千年传统农耕文明浸润，杂粮面食也是河北人的传统：选用荞麦面制作的承德拨御面；张家口凉热两吃的风味莜面；各种豆类掺杂的小麦面；混制而成的美味曲（周）面……

山东

打卤面

　　山东人对面条的情结难以言表，"喝面条"是形容山东人吃面最基本的规模，一碗面盛到碗里，咕嘟咕嘟喝下肚，就着小咸菜"嘎吱吱"这么一嚼，美到无法形容。

　　山东的每个城市都有属于自己独特的面条，像福山大面、蓬莱小面、济南打卤面、炝锅面等。

安徽

安徽枞阳县义津古镇，家家晒挂面

　　安徽，跨越江、淮两大地理区域，皖北阜阳、蚌埠、亳州，以面食为主；皖南安庆、铜陵、芜湖、宣城、马鞍山，以大米为主；皖中合肥等地，米面兼食。安徽人除了爱吃牛肉面、羊肉面，还有太和板面、涡阳干扣面、当涂大肉面……

重庆

重庆小面

　　火锅重镇，码头文化，造就重庆人吃面也是重口味。

　　豌杂面、牛肉面、泡椒鸡杂面……招惹江湖各路食客，最富有人间烟火气的是重庆小面。小面的灵魂是麻辣作料，它超越了世俗的甜腻，给予你一种历经艰辛后的满足感。"老板，来碗小面！"重庆人每天浓墨重彩的生活，就从这一声简单招呼中徐徐展开。

担担面

自古以来，四川盆地都是中国主要的小麦产地之一。

早在北宋时期，就已经是"田土无不种小麦"。川人爱吃面的传统，也就顺理成章。四川人擅长调味的本领，在面条臊子的丰富变化上表现得淋漓尽致。担担面、凉面、豆花面、大刀金丝面、成都甜水面、宜宾燃面、邛崃奶汤面、雅安挞挞面……每个地方，都有属于自己的一碗面。

这一碗碗滋味杂陈的面条，不显山不露水，深藏于大四川熙攘的市井街巷中、静谧的乡野村舍里。

肠旺面

贵州，地处西南高原一隅，黔菜，辣醇味厚、酸鲜香浓。

尽管不是吃面大省，但贵州人贡献了两种面，以回馈他们热爱的世界：一种是贵阳肠旺面，一种是遵义豆花面。

肠旺面，始创于晚清，谐音"常旺"，寓意吉祥。它选用肥嫩鲜香的猪肥肠和血旺，制面用上"三翻四搭九道切"的功夫，用专门熬制的土鸡汤煮面，有时还会加入筒子骨、黄豆芽、榨菜、胡椒……最后，要调入一勺红油，作为一碗肠旺面的点睛之笔，满足了贵州人对辣味一如既往的追求。

豆花面，是遵义人独创的一种特色小吃，选用"宽刀面"，掺和新鲜鸡蛋、微量芡粉和碱水制作而成。豆花选用黄豆磨浆，点酸水做成水豆腐，然后再用豆浆煮熟，细嫩软绵。作料选肉末、辣椒油、葱花、油炸花生米、豆腐丁、猪蹄筋等。

一道清新活泼、柔软光滑、味道鲜美的豆花面，成为贵州传承上百年的地道风物。

江苏，得名于江宁与苏州的合称，荟萃江、河、湖、海的丰饶物产，自古便是富庶繁华的鱼米之乡。

"三鲜大面一朝忙，酒馆门头终日狂"。温良的江苏人对面的喜爱，绝对不输于豪爽的北方人。

鱼焙面

苏州面的"鲤鱼背"造型

枫镇大面，最能代表苏州人对面食的认真态度。这是一碗苏州"最难做、最精细、最鲜美"的面条：浇头，采用优质五花肉加调料用宽汤焖制，还要浸入秘制糟卤酒酿，不仅肉质酥烂、入口即化，还带有一股令人回味的酒香。面汤，是用肉骨、黄鳝骨、虾脑、螺蛳肉等熬煮、调制而成的白汤。

唯苏州和上海特有时令美食"三虾面"，端午前后一个多月才有供应。选带子河虾，分剥成虾仁、虾子、虾黄，炒成一碟作为浇头拌到面中，弹牙甜香，是人类和大自然机缘相遇的佳品。

江苏的老食客，喜爱的还有两种面，一是鳝丝面，一是爆鱼面。这两种面的浇头脆嫩相交，鲜甜味美，浓而不腻，食而不厌。

此外，南京的皮肚面，镇江的锅盖面，扬州的鱼汤面，以红油爆鱼面和白汤卤鸭面为代表的昆山奥灶面，都是到江苏不可不尝的美食。苏州面条里，最简单的就属阳春面和葱油拌面。阳春面走清淡路线，葱油拌面则是朴素中包含着浓郁。

江苏人最熟悉而亲切的场景，是一进面馆，迎客的堂倌就喊出一连串吴侬软语："诶！来哉，八号台，老面孔，三两鳝丝面，要龙须细面，清汤、重青、重浇过桥……"

浙江

浙江诸暨，晒面场景

杭州片儿川

浙江，是一个隐藏的吃面大省。

很少人知道，仅浙江省会杭州，面馆就不下三万家，平均300多人，就拥有一家面馆。浙江的每个县市，至少都有一种特色面食。

浙江人吃面条，融合北地风味，浸润江南风雅，自成一派江湖。浙江往西，是吃米粉的江西；往南，是吃薯粉的福建；往东，是宽阔无垠的东海。浙江人在三面无援的形势下，创造出了灿烂的面食文化。

浇头，是浙江面的灵魂。它涵盖当地山海风味，博采各地知名物产。咸菜，是提鲜压腥的法宝；卤浇，有鸭头、鸡爪、猪大排；炒浇，有各式下水、河鲜，夹杂四时蔬肉。

杭州著名汤面片儿川，在世间已流传百余年。它以雪菜、笋片、瘦肉丝做浇头，令食客回味无穷。

浙东沿海，以海鲜独当一面，黄鱼、淡菜、梭子蟹，蛏子、花蛤、皮皮虾；浙北湖州南浔的鸭绞面，新市、桐乡的酥羊大面，长兴的干挑面；浙中兰溪的手擀面；还有诸暨次坞打面、温岭石塘敲鱼面、义乌浦江的"荞麦老鼠"等，各领风骚，都是对人类舌尖的激赏。

湖北

热干面

长江中游，荆楚大地，2000年前就有"饭稻羹鱼"之美称。

顾名思义，鱼米之乡的鄂人，以稻米为主食，嗜好鱼虾肉禽，蔬食丰盈多样。

热干面，不过是武汉人才气侧漏的一道美食小品，但它却名列中国五大名面之一。热干面选材的碱面，在普通菜场和超市都可买到。做法也很简单：将煮熟的面条入碗后，淋上芝麻酱、香油、香醋、辣椒油等调料，一碗黄澄澄、香喷喷、热腾腾的热干面就面世了。每天早晨，武汉三镇的大街小巷，都弥漫着一股芝麻酱的香味。面条滑溜劲道，配菜清新爽脆，一种踏实生活的幸福感，就会悄然流过心头。

武汉人虽然以米饭为传统主食，但有热干面滋润的日常才叫生活。

广东

北面南米，是人们对中国饮食习惯的总体印象。

地处亚热带的南粤大地，是小麦式微的区域。但随着客家人的南迁，南北文化不断融合，在中国大陆的最南端，广东人也将面条文化演绎出全新的高度。云吞面，是广东面食的代表。因为和面师傅通常骑在竹竿的一端，反复弹跳，碾压面团，塑造面条的韧性，所以当地人也将这种细若银丝的面条称为"竹升面"。客家人聚集的粤东梅州，一碗腌面，混合着猪油和炸蒜粒的油润咸鲜，搭配清爽的"三及第汤"，成为很多人早餐的首选。虾子面，是粤港地区面食中的一款极品。特色干面搭配炒鲜虾卵，是调味的重点，既可滚水落面，连汤拌食，也可加蚝油、生抽干捞，爽口弹牙的面条上，挂满金黄虾子，光是看着就令人销魂。

此外，瑶柱面、番茄面、豉油皇炒面、潮州糖醋面……都是广东人喜爱的面食。

竹升面

虾子面

中国食物中，唯有面条，独具普世意义，又足以承载地方特征。

除了各路吃面大省，还有黑龙江的炝汤面、吉林延吉的冷面、湖南的辣椒肉丝面、云南昭通的腊猪脚汤面、曲靖的迤车挂面、大理的扯扯面、福建的伊府面、香港车仔面、台湾牛肉面等，都独具一派实力，足以名动江湖。

说一千道一万，最好吃的，其实还是爸妈做的家常面条。不管是油醋面、煎蛋面、肉丝面、鸡杂面，还是杂酱面、清汤面、凉面……

小小的一碗面里，浓缩着国人最熟悉、最喜欢的味道。

香港车仔面

台湾牛肉面

小龙虾面，是爱面一族的新宠

国家

豆腐

地理

豆腐，在方寸之间里，
深藏着人性和世态。

丰富的豆腐菜肴（图1—3）

2018年7月，一艘名叫"飞马峰号"的美国大豆船，在太平洋上演着一场堪称生死时速的狂奔。

这艘"用尽了洪荒之力"的励志船，最终也没能在日落前抵达中国大连港。船上装运的大豆，就是中国人做豆腐的原料。

面临当天就要落地生效的巨额关税，"飞马峰号"显得有些不知所措，只得在中国外海熄火抛锚，一直随着大海潮涨潮落在原地转圈儿。

这艘奇幻漂流的商船，旋即成为一个全球关注的"网红"，在社交媒体上引发热议。有人打趣："慢慢来，再过一个月变身一艘豆芽船顺利进关。"有人出主意说："直接晒酱油得了，附加值更高。"还有人戏谑道："一边开着船，一边喝着豆浆，一边上网，一边看着大海，日子真快活。"

一个多月后，"飞马峰号"向现实低头，交钱卸货，默默吞下了这枚国际贸易战的苦果。

"飞马峰号"七万吨美国大豆的远洋之旅，悄然揭开了国际贸易内幕的冰山一角。

大豆，从原产地中国开枝散叶，流落到世界各地，呈现出一部波澜壮阔的历史进程。

"中原有菽，庶民采之。"——《诗经》

中国，是大豆的原产地。华夏先民，农耕五谷，稻黍稷麦菽，"菽"就是大豆，包括黄豆、青豆、黑豆，是做豆腐的原材料。

无论在富饶的东北黑土地、贫瘠的黄土塬坝，还是广袤的江淮平原，水网密织的江南田畴……大豆，都是农人经常选择种植并食用的主粮作物之一。

古人吃豆子，一煮就是几千年。

孔子在《礼记》中唠叨："啜菽饮水，尽其欢。"曹植在《七步诗》里悲吟："煮豆燃豆萁，豆在釜中泣。"

大豆，含丰富的蛋白质等营养成分。若以标准蛋白质100分做比较，它可与70分的鱼肉相媲美，仅次于鸡蛋和牛肉，将稻米、全麦粉和玉米都抛在身后。

然而，吃煮豆子，却不能说是一种令人愉悦的饮食经验。大豆难嚼，不易消化。只有嫩毛豆，勉强算是一种时令享受。

黄豆（图1、2）

毛豆，就是新鲜连荚的大豆；毛豆成熟后，就是我们熟悉的黄豆（图3、4）

只有当大豆一跃而变成豆腐时，它才羽化而登仙，赢得了一个更广阔和丰富的时空。

豆腐得味，远胜燕窝——（清）袁枚

豆腐的诞生，是一个美丽的意外。

公元前164年，西汉淮南王刘安，在安徽八公山上炼仙丹，取山泉清冽之水磨制豆汁，培育丹苗，不小心将石膏点到豆浆里，导致芳香白嫩的豆腐惊艳面世。

刘安，无意中成为创制豆腐的一代师宗，在美食的疆域里，他获得了与大汉朝开国之君刘邦齐名的荣耀。

关于豆腐产生的年代，学界还有周代说、战国说。考古学者在河南富县汉墓画像石上，发现有制豆腐的工序全过程图，故此推断豆腐最迟当系汉代创制。

宋代，豆腐已逐渐普及并常见于各类食谱。《玉食批》中有"生豆腐百宜羹"的说法；《山家清供》里描述了"东坡豆腐"的存在；《渑水燕谈录》则提到"厚朴烧豆腐"；《老学庵笔记》还提到一种"蜜渍豆腐"的方法。

到了清代，美食大家袁枚宣称"豆腐得味，远胜燕窝"，更是把豆腐这一大众食物，推崇到一个新的高度。

如果说大豆还有粗粝硬挺的特质，经浸泡、磨浆、过滤、煮浆、加细、凝固和成形等工序后，豆腐就拥有了禀性温良、醇厚的品质，就如同谦逊包容的君子，成为最大众化的烹饪原料之一。

方寸之间，深藏滋味2000年

千百年来，豆腐在中国演变渐进，开枝散叶，形成了两大宗、七小派的格局。

两大宗：南豆腐（嫩豆腐），以石膏点制，色雪白，细嫩甘鲜，宜拌、炒、烩、氽、烧；北豆腐（老豆腐），以盐卤点制，色乳白，微甜略苦，宜炖、煎、塌、贴、炸。

七小派：豆腐脑、豆腐皮、豆腐丝、豆腐干、臭豆腐、油豆腐、豆腐乳。

中国人善于调和百味，他们懂得一个最朴实的饮食之道："有味使其出，无味使其入"。

豆腐，本身至淡无味，但中国人用不同的烹饪方式，搭配各地特色食材，赋予它千变万化的滋味。

安徽人得风气之先，挟"八公山豆腐"而号令天下，不论刘安发明豆腐的传说是真是假，"白如纯玉，细如凝脂"的淮南豆腐确实堪称天下极品。

除此之外，徽州还有两样令人咂舌的另类美食：毛豆腐和腊八豆腐，都拥有大批的"死忠粉"。

毗邻安徽的江苏、浙江地区，一直都是富庶的鱼米之乡。豆腐，在这里风生水起，无论是乌衣巷的世家大户，还是秦淮河畔的寻常百姓，都对豆腐青睐有加。

徽州豆腐工坊

徽州毛豆腐

平桥豆腐

无锡镜箱豆腐

　　淮安的千年平桥古镇，西傍京杭大运河，鼎盛繁华。平桥豆腐是淮扬名菜之一，它的神奇之处是豆腐起锅时，要舀一勺明油封住汤面，食客看不见热气外溢，入口却是醇厚滚烫。

　　《围城》里的男主角方鸿渐，本乡出名的行业是打铁、磨豆腐，名产是泥娃娃。有人读到此处，禁不住得意地说："这不是无锡吗？"作者钱钟书先生祖籍就是无锡人，当地有一道名菜叫镜箱豆腐，肉馅中增加虾仁，有"肉为金，虾为玉，金镶白玉箱"之称。

　　扬州的老食客，在瘦西湖畔的酒楼坐下，通常只点一壶茶和一份大煮干丝，气定神闲地消磨时日，恰如一幅市井风俗画："扬州好，茶社客堪邀。加料千丝堆细缕，熟铜烟袋卧长苗，烧酒水晶肴。"

　　沪上美食小吃，有一款备受推崇的油豆腐粉丝汤。雅致的上海人很在乎它的做法：油豆腐要松、百叶包要紧、细粉要弹，再加上酽酽的汤头，才会充满老上海浓郁的滋味。

麻婆豆腐，集嫩、滑、麻、香、辣味于一体，是一　　酿豆腐
道脍炙人口的川菜

起源于山东的齐鲁风味，曾经影响到京、津、冀等众多地区。豆腐，平和养生，正好符合鲁菜中正大气的品格。

若上台面，有孔府菜的一品豆腐；要论家常，有传统的锅塌豆腐。豆腐先在调料中浸渍，然后蘸上鸡蛋过油煎，再用鸡汤塌制。锅塌豆腐吸收了鸡蛋与鸡汤的鲜味，广受黎民百姓喜爱。

四川麻婆豆腐，很多人喜欢。但看似简单的一道菜，做起来却很有讲究。美食家汪曾祺先生总结了五条要领：一要油多，二要用牛肉末，三要用郫县豆瓣，四要用文火收汤起锅，五要撒一层川花椒末。川花椒，名为"大红袍"。如果用山西、河北花椒，味道就差了很多。

云南保山地区，四川盆地东部和广西等地，还流行"口袋豆腐"。豆腐做熟后，用筷子夹提起来，形似口袋，因而得名。其汤鲜，其味浓，豆腐嫩，成为一道传统民间菜品。

荷包豆腐，以豆腐、菠菜、火腿、高汤等制作而成，鲜嫩软滑，味美适口。湖南人用虾米、猪肉、香菇、豌豆、鸡蛋等，通过翻炒，做成别具一格的芙蓉荷包豆腐。

客家酿豆腐，是广东、福建的一道客家名菜。将油炸豆腐或白豆腐切成小块，挖一个小洞，用香菇、碎肉、葱、蒜等作料填补，再用砂锅小火长时间煮，鲜嫩滑香，营养丰富。一道家常菜，寄寓着从中原迁至南方的汉族移民的家国情怀。

"云南十八怪，石屏豆腐烤着卖"。石屏豆腐的神奇，在于采用了"酸水"点豆腐。"酸水"是本地特有的天然井水。豆腐经过烧烤，气孔密布，香味异常，且更有嚼劲。

　　熙攘的贵阳夜市上，豆腐丸子是最常见的小吃之一。将盐、碱、葱花等调料放入豆腐中，抓匀后捏成小揪，放入油锅里炸熟。吃时蘸上折耳根蘸水，是一种难忘的苗家风味美食体验。

　　广西壮族地区的清蒸豆腐圆，清鲜味美，嫩滑适口，是当地人常年食用的菜肴。

　　豆腐包子是很多人钟爱的素食小吃。它以豆腐、虾米、黄瓜和蒜薹等做馅，皮绵面筋，馅嫩而鲜。如果用醋辣灌汤，其味则更鲜美。

　　尤其是逢年过节，豆腐水饺是餐桌上必不可少的主角之一。全家人团聚在一起，热热闹闹包饺子、吃饺子，一种岁月安好的幸福感便会油然而生。

　　山东德州和聊城临清，地处古大运河码头，卖豆腐的小贩会挑着担子沿街叫卖，当时劳作的河工常常用小木板托着豆腐，涂上韭菜花、甜酱、辣椒酱，倾身翘臀、吃完就走，因而得名撅腚豆腐，成为当地人津津乐道的一个江湖掌故。

　　金庸武侠小说《射雕英雄传》中，心思玲珑的黄蓉，想让洪七公收郭靖为徒。先剖开一只火腿，在上面挖24个圆孔，再将豆腐削成小球放入孔内，蒸熟之后，腌肉的鲜味全部吸收到了豆腐之中，火腿却弃去不食。洪七公一尝，自然大为倾倒。

　　这道"二十四桥明月夜"的菜式，令美食家蔡澜嘴馋不已，他反复琢磨，将整只金华火腿锯开，用电钻挖24个洞，用雪糕器舀出圆形的豆腐塞入洞中，复原了这道金庸杜撰的美食，吃着大呼过瘾。

家常豆腐

豆腐脑，浇上卤汁，撒上香菜，是北方人最钟爱的早点

甜豆花，是很多南方人饭后必选的甜点　　豆腐干

豆腐乳

　　以豆腐制作的菜肴达数千种，既可做"小葱拌豆腐""白菜熬豆腐"等家常菜，又可做宴席名肴，还有地方创制了全席的"豆腐宴"。

　　豆腐名声所在，甚至有一些菜品，打着豆腐的旗号，行走于江湖之上。豫菜里有"制糊"的方法，将鸡脯肉添加作料砸成泥，豌豆苗、火腿对拼成兰花形蒸制，成品似豆腐，又似兰花，被称作兰花豆腐。

　　红方、糟方、青方，是豆腐乳三剑客。按照加工方法不同，腐乳有红腐乳、白腐乳、青腐乳之分。广西桂林白腐乳、浙江绍兴腐乳、黑龙江克东腐乳，都已成为驰名中外的品牌。

　　北京的王致和臭豆腐，是许多老北京人的至爱之物。来自氨基酸的降解物，爆发出猛烈的气味，被人戏称为"生化武器"。

湖南攸县香干、四川剑门关豆腐、浙江衢州马金豆腐、北京延庆永宁豆腐、广东英德九龙豆腐、湖北房县豆腐和石牌豆腐、湖南娄底富田桥游浆豆腐、云南建水豆腐、陕西榆林豆腐、浙江丽水处州豆腐、四川高县沙河豆腐、河南开封洧川豆腐等，都是世间不能错过的佳品。

美味多识僧与道

寻常人家的豆腐，好吃并不奇怪。深山古寺的僧家豆腐，却常让人喜出望外。

和尚、道士平日清修，不纳荤腥，最普通的农家豆腐，用山泉水烹煮，加少许盐，配上地头的青菜，就成为返璞归真的珍馐，尽得"一菜一世界"的韵味。

泰山豆腐面，原本是山中寺庙里待客的素面，以泰安豆腐作卤，因美味可口流传到民间，成为一款大众小吃。

清代乾隆年间，扬州有个文思和尚，不仅写得一手好诗，豆腐羹也做得不错。后来，很多人仿效他的方法，文思豆腐成为一道著名的素斋。有道是：传得淮南术最佳，皮肤褪尽见精华。一轮磨上流琼浆，百沸汤中滚雪花。瓦釜浸来蟾有影，金刀剖破玉无暇。个中滋味谁得知，多在僧家与道家。

小葱拌豆腐

文思豆腐羹

寒冬暖胃有豆腐

凛冬已至，当中国最北端的漠河人在炕头吃鳕鱼炖豆腐的时候，江南的杭州人则会用鱼头炖豆腐，鱼头通常选用钱塘江、千岛湖出产的鳙鱼头，再添上一些本地冬笋，令鱼汤清香盈口，让人口舌生津。

地处长江入海口的上海，白领们在手机上搜索人气最高的蟹黄豆腐店位置；长江中游江汉平原上，湖北人家的泥鳅钻豆腐滋味鲜美，汤汁腻香，洋溢着浓郁的乡土气息。

洞庭湖畔，湖南人餐桌上会有一盆鱼子烧豆腐，乳白中掩映着剁辣椒的鲜红色调。门前雪花白，屋内暖锅红，西北黄土高原上，老乡的土暖锅热气蒸腾，无论是陇东水花席，还是庆城暖锅子，豆腐都是其中的牵头菜……

过年时节，街头巷尾的油炸臭豆腐，是最能安抚家乡情思的食物。长沙臭豆腐，浇上蒜汁、辣椒、香油等，吃起来外焦里嫩，已经成为全国各旅游景点的标志性小吃。武汉最好吃的臭干子，往往不在户部巷小吃街的店铺里，而是藏身在街边老太婆的摊贩上。

鱼头炖豆腐

蟹黄豆腐

土暖锅

鱼子烧豆腐

长沙臭豆腐

饮食之中见人性

豆腐，在方寸之间里，深藏着人性和世态。

粤菜中，有一道名为"太史公豆腐"，创始人江孔殷，号太史公，一生漂泊于江湖、朝堂和市井之间。他出生于广东富商家庭，少年入万木草堂，师从康有为，曾参与过公车上书。后来，中了大清朝的最后一榜进士，入翰林院，在北京、天津和广州多处为官。

江孔殷素性慷慨不羁，招安土匪头子，结交革命党人，帮助安葬"黄花岗七十二烈士"……孙中山、宋庆龄夫妇为此登门拜谢。蒋介石未发迹前，也拜访过"太史第"，对江孔殷执弟子之礼。

江孔殷一生喜好美食，经常在居所"太史第"中大宴宾客。江湖上名声遐迩的粤菜"龙虎斗"和"太史五蛇羹"，就是他家研发出的私房菜。

近代广东两大美食世家：一是谭家菜，一是太史菜。两个家族都诞生于南海。谭家菜北上后，成为名满京师的官府菜。太史菜留守广东，恪守粤菜风味并创新精进，开创几十年繁华食事，被推举为"中国粤菜第一家"。

辛亥革命事起后，江孔殷力促广东和平独立，后世对其评价颇高。

1951年，江孔殷在广州六榕寺不慎失足瘫痪。当年正逢广东土地改革，南海农民追索"逃亡地主"，强行用箩筐将他抬返乡里。一路上，江孔殷瞑目不语，一度绝食，数日后气绝身亡。

人世间跌宕浮沉，虽尝尽天下美食，最后竟然饿毙，令人唏嘘不已。

格物而知天下

从秦汉时期，中国大豆开始自己的奇幻漂流，先是传入邻近的朝鲜；隋唐时期，在东瀛岛国日本落脚；南宋时期，进入东南亚地区。

清朝乾隆年间，中国大豆漂洋过海，随着法国传教士的步履去到欧洲。在巴黎和英国皇家植物园里，它作为来自东方的神奇植物被试种。

后来，大豆在维也纳国际博览会上亮相，被欧洲各国广泛接纳。

1765年，乾隆皇帝第四次下江南，游山玩水之余，对淮扬名菜八宝豆腐羹赞不绝口。当年，一位东印度公司的水手将大豆带入美国，开始在东南部的佐治亚州种植。

1950年，新成立不久的中华人民共和国，启动大规模土地改革运动。远在大洋彼岸的南美洲大国巴西，才开始种植大豆。

时序流转，物换星移。如今，美国成为世界大豆产量第一的国家，巴西名列第二，它们的产量都远超大豆起源地中国。

孙中山先生喜欢吃豆腐。他在《建国方略》中设想：在中国设立新式工场，取代手工古法的生产方式；以黄豆制成肉乳、油酪输入欧美；并在各国的大城市开黄豆制品工场，生产便宜的蛋白质食料供给西方人民。

改革开放初期，中国领导人曾说，希望中国能"喂养5亿头猪，一千万头奶牛，五千万头马驴，20亿只鸡"，以期从根本上改变中华民族的食物构成，使国民体质跻身全人类的优等水平。

40多年后，中国人的肉食和奶制品消费量大幅度增加，但中国却从一个大豆出口国，一跃而成为这个星球上最大的进口国。

中国官方的数据：2019~2020年，中国预计进口8900万吨大豆，比我们本土大豆出产量的5倍还要多。

用黄豆酿造酱油，是中国人的传统

我们为什么要买这么多大豆？

因为中国需要更多大豆榨炼食油，还需要更多的豆粕饲料，大规模喂养家禽家畜，保证全国人民的肉类供应。当然，还包括酿造酱油，制作豆腐、素鸡和辣条。

在高度城市化进程中，中国人的消费能力和品质不断升级，传统农业模式下的生产方式远远满足不了市场需求，必须在全球格局下配置食物资源。中国虽然幅员辽阔，但可耕地面积只有20亿亩左右，主要用来种植水稻、小麦，以保证国人基本口粮的安全。尽管中国自己的大豆产量每年都在增加，因为大豆一年一熟，产值较低，农民也缺乏种植热情。

欧亚大陆的东北部地广人稀，南北美洲也有广袤的土地，适合大规模机械化耕种方式，是地球上主要的大豆出产区。中国大量采购海外大豆，正是现实国情下一种无奈而又理性的选择。

中国大豆跨越千年，又返回祖产地，反哺中国人。

大豆在这个星球上的奇幻旅程，从另一个角度证明：人类的命运早就紧密相连，全球合作共生，是人类的必由之路。

小小的一粒大豆，足以读懂复杂的中国。

国家
硬菜
地理

外交无小事，硬菜大外交。

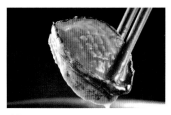

鲍鱼

硬菜，就是好菜的意思。它有两层含义：一是指主菜，过硬的、解馋的；一是指有面子的、镇得住场子的。硬菜是中国人的大菜，无论是国宴还是家宴，硬菜都是当之无愧的主角。

大国硬菜——国宴，代表我们大国的面子，国宴上的硬菜以特殊方式参与着国家大事。

开国第一宴

1949年10月1日的共和国夜宴在一派喜庆的紧张与忙碌中开场，当时还没有像人民大会堂这样能同时搁下几百人吃饭的体面地方，就只有故宫旁边的北京饭店。

开国第一宴到底吃什么？这事儿牵动着无数人的心。川菜麻辣刺激、鲁菜浓油赤酱、粤菜海鲜生猛，唯有淮扬菜口味平和、咸甜适中、南北皆宜、能调众口。周恩来总理亲自拍板，确定开国大宴的厨师团队和菜谱，当时北京饭店的厨师班底不够用，临时从北京的老字号调集大厨助阵。以淮扬菜为主融合各地佳肴，自此成为国宴的特色。红烧鲤鱼、红扒秋鸭、红烧鱼翅、草菇蒸鸡、干焖大虾、清炖狮子头……开国大宴上的硬菜体现了天下共和的味道。

国宴的硬菜不全都是山珍海味和饕餮大餐，高雅得体才能诠释"礼仪之邦"的精髓。"四菜一汤"和"三菜一汤"，少而精是沿用至今的标准。

硬菜见证历史

众所周知，开国领袖毛泽东虽然喜爱辣椒和红烧肉，在宴请印度总理尼赫鲁和印尼总统苏加诺时，席上的硬菜却是蒸鳜鱼、樟茶鸭和炸鸡腿，奉行克己复礼的中国传统待客之道。

1972年，中美两国关系正常化是惊天大事，周恩来宴请美国总统尼克松，大菜是两吃大虾、三丝鱼翅和椰子蒸鸡，三丝鱼翅寓意中美两国关系顺水而行。

1986年，在钓鱼台养源斋，邓小平宴请英国女王伊丽莎白二世，选定的两道硬菜是清蒸鳜鱼和佛跳墙。和尚闻香翻墙的故事，听得端庄优雅的女王也禁不住莞尔一笑，鳜鱼的美味更是令她难忘。

鳜鱼四时皆有，尤以三月最肥，在中国的江河湖泊中都有分布，桃花流水鳜鱼肥，万点桃花半尺鱼，在无刺的鱼类中鳜鱼肉质鲜嫩，清蒸是发挥其原味的最妙做法。

1997年，在人民大会堂举办香港回归祖国庆祝晚宴。餐桌上的硬菜除罐焖牛肉外，另外的两道是浓汁海鲜和清蒸大虾，或许因为香港本身就是海岛，海鲜做主菜也算是相得益彰。

2008年，北京奥运会开幕宴，主菜是荷香牛排和酱汁鳕鱼，但作为配餐小吃的北京烤鸭却喧宾夺主成为宴会的主角。

2017年，美国总统特朗普访华。中国领导人主持的欢迎晚宴上，除了焗海鲜、番茄牛腩和水煮东星斑，还出现了一道普通的国民菜宫保鸡丁，不知算不算是对民间美食的最大褒扬。

北京烤鸭的食材俗称"填鸭"，是在鸭子生长期内，按时把长条状的饲料从鸭嘴填进去，使其快速增重

东星斑被称为鱼中的贵族，存活于我国东沙群岛和东南亚一带的海域，颜值甚高，肉质雪白，鲜甜劲道

潜水员在深海寻找石斑鱼

国宴经典硬菜排名榜

如果把出现在国宴上的频率作为大数据，筛选出国宴硬菜前三甲，狮子头名列第一。它是淮扬菜系中的一道传统菜肴，选用肥四瘦六的五花肉切碎，和高汤制作而成。它形态丰满，犹如雄狮之首，口感清而不淡，肥而不腻。

榜眼：佛跳墙

国宴硬菜第二名闽系名菜佛跳墙，精选鲍鱼、辽参、鱼肚、干贝、鲍菇等原料，配以顶级浓汤制作而成，软嫩柔润、浓郁荤香，又荤而不腻，补气养血、清肺润肠、防治虚寒，是各国领导人都喜爱的一道国宴硬菜。

探花：三宝鸭

国宴硬菜第三名罐焖三宝鸭，选用精选优质填鸭与板栗、小枣、莲子炖煮，装入国宴专用特制紫砂罐内蒸熟，具有极佳的养生保健功效。

硬菜大外交

外交无小事，请客吃饭是外交的重要内容。礼宾官事前要了解外宾的饮食习惯、宗教信仰、口味嗜好、身体状况，兼顾季节与气候、食品原料、营养等因素，夏天以淡为主，冬季以荤为主。

有时候一道硬菜就会令贵宾感受到终生的美好，就像法国前总统希拉克念念不忘的法式焗蜗牛，如同俄罗斯前总统叶利钦赞不绝口的酥皮鱼翅盅，柬埔寨亲王西哈努克爱吃砂锅狮子头……

蒜仔烧裙边

法式焗蜗牛

酥皮鱼翅盅

国宴硬菜食材地图

中国地大物博，从田园山野到江河湖海分布着许多奇珍异材。

山珍海味是古代中国人待客的硬菜，历朝历代宫廷御膳多选用世间稀罕的食材，五味八珍的说法流传甚众。上八珍指狸唇、燕窝、驼峰、熊掌、鹿筋、猴头、豹胎、蛤士蟆。这份名单带着浓郁的远古蛮荒和游猎时代印记。除了燕窝今人多用做滋补，鹿筋和哈士蟆可以人工养殖药食两用，其他都只是存在于食客的想象中。

中八珍指鱼翅、鲍鱼、广肚、果子狸、大乌参、鳖裙、鱼唇、鲥鱼。除濒危动物果子狸外，这份食材谱上的大部分都被国宴沿用。广肚就是广东所产的鱼肚，大乌参主产于海南岛南部及西沙群岛，属海参中的上品。鱼唇是以鲟鱼、鲨鱼的上唇部干制而成，食用以红烧、黄焖为主，主要产于舟山群岛、渤海、青岛、福建等地。

下八珍指海参、川竹荪、银耳、冬菇、猴头菇、干贝、鱼骨、乌鱼蛋。以上均为当今国宴食材，其中乌鱼蛋是指乌贼的卵巢干制品，多产于山东青岛及日照等地。乌鱼蛋汤原为鲁菜系的汤羹，因食材遇醋发涩，国宴名厨改良时，用遍中国各类米醋、陈醋、香醋效果都不佳，最后选用俄罗斯酸黄瓜拧的汁，才使汤"酸不见醋、辣不见椒"，达到制汤的至高境界，成为钓鱼台国宾馆的"台汤"。

蛤士蟆，另称中国林蛙，多栖息在潮湿的林荫树丛，分布于黑龙江、吉林和辽宁

浓汤鱼肚

乌鱼蛋汤

燕窝，又称燕菜，为雨燕科金丝燕分泌的唾液及其绒羽混合粘结所筑成的巢穴，自古就是药食两用的高档滋补品，主产于东南亚国家及我国福建和广东沿海地带（图1、2）

　　现代法律禁止捕杀野生动物，珍稀禽类基本从餐桌上消失，国宴食材的选择文明而丰富，既有鲍鱼、燕窝、松茸、竹荪、猴头蘑等珍品，也有牛羊肉、对虾、鲜贝、马哈鱼等大众食材。

鱼翅是中国传统的名贵食品之一，又称鲛鱼翅、金丝菜，指鲨鱼鳍中的细丝状软骨，由鲨鱼的胸、腹、尾等处的鳍翅干燥制成。我国产区分别位于广东、福建、台湾、浙江、山东等省及南海诸岛（图3、4）

鲥鱼，为中国珍稀名贵鱼类，与河豚、刀鱼并列为"长江三鲜"。产于长江下游，以当涂至采石一带横江鲥鱼味道最佳（图5、6）

　　从国宴硬菜食材产地分布来看，多为历史上的特产区域，大连鲍鱼、山东对虾、辽宁海参、宁夏滩羊、福建龙虾、镇江鲥鱼、青海虫草、云南松茸……

　　应时应季是选择国宴食材的重点，鲥鱼需端午节前后捕捞，鳜鱼要桃花盛开时的最好，萝卜都是霜降以后的鲜脆，只有这样才能保证烹调出高质量的菜品。

　　草八珍是满汉全席中的著名食材，指猴菇菌、银耳、竹荪、驴窝菌、羊肚菌、花菇、黄花、云香信，营养丰富，香味浓郁，滋味鲜美，经常忝列在国宴食谱中。竹荪是寄生在枯竹根部的一种隐花菌类，形态优美宛如雪裙仙子，在蕈菌界极为罕见，有"菌中皇后"的美名。中国南方多地出产，尤以福建三明、南平，云南昭通、贵州织金、四川长宁最为有名。

马哈鱼，属鲑科，每年夏、秋季成群结队从太平洋进入我国图们江、珲春河、密江上游溯河产卵洄游。马哈鱼体大肥壮，肉味鲜美，可鲜食，也可煎制、熏制，或加工制成罐头，都有特殊风味。盐渍鱼卵即有名的"红色子"，营养价值很高，在国际市场上享有盛誉。

赫哲族是中国人口较少的民族之一，主要分布在黑龙江、松花江和乌苏里江流域，是我国北方唯一以捕鱼为生和使用狗拉雪橇的民族，历史上称其为"生女真"。从前，赫哲族由于生产落后，生活困难，疾病蔓延，濒临灭绝。改革开放后，赫哲族焕发生机，成为著名的硬菜食材原产地。

一头灰熊捕食洄游的马哈鱼

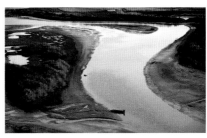
黑龙江赫哲族渔乡

抓吉赫哲渔村滩地，窝棚里装满了马哈鱼

海参。国宴海参多选用辽参，产地特指旅顺口黄渤海分界线内铁山、北海、双岛湾三镇

野生辽参

春季收参

堂菜和台菜

1959年，人民大会堂和钓鱼台国宾馆先后建成，招待外宾的正式宴会通常在这两处场合举行。钓鱼台国宾馆通常接待外宾下榻及日常用餐，适合举办经典的小范围宴会，上采宫廷肴馔谱录，下纳民间风味小吃，醇和隽永，俗称"台菜"。人民大会堂大宴会厅可同时容纳5000人就餐，通常举行大型国事活动的宴会，练成中华饮食文化的一枝奇葩，形美色绝，俗称"堂菜"。国宴菜系兼收并蓄，博采国内八大菜系之长，广纳世界各国菜肴之精。堂菜和台菜也由此成为八大菜系之外的两个新品种。

大味至淡是中国古人的智慧。林花谢了春红，太匆匆。几十年间世界风云变幻，国宴上的面孔也是旧往新来。阅尽世上浮华，遍尝人间珍馐。出乎意料，许多人心目中的最美中国味却是一道开水煮白菜。

万物生长因循着自然嬗变的规律。一蔬一菜，传承流转，都凝聚着劳动者的艰辛与匠心。

国宴开水白菜精选东北大白菜嫩心，清汤用鸡、鸭、云腿、干贝等慢火熬制，看似朴实无华，却尽显国宴制汤功夫。汤色淡黄清澈，香醇爽口，沁人心脾。以简胜奢，赢得人心

国家
蒸菜
地理

一道普普通通的蒸菜，从来都
寄托着国人对美好日子的向往。

从上到下依次为蒸螃蟹、蒸屉、蒸芋头
（图1—3）

在中华美食江湖上，蒸菜是一股文艺清流。

蒸，是一种用沸水的热汽使食物热熟的烹饪方法。中国是世界上最早使用蒸汽烹饪的国家，这种看似简单原始却鲜美健康的食物烹饪方式，一直贯穿于华夏农耕文明的全过程。

主食和糕饼

距今约4000年前，炎黄部族的先祖从水煮食物的原理中发现蒸汽可使食物变熟，相对于其他烹饪方式，更能保持食物营养和原汁原味。从此，有别于烧烤煎炸的油腻和炖煮焖烩的混沌，蒸菜带来的鲜、香、嫩、滑滋味，世世代代抚慰着国人的舌尖味蕾。

山西运城乡亲制作花馍

花馍

莜面

各种蒸食（图1—3）

中国北方降水少，气温低，耕地多为旱地，适合喜干耐寒的小麦生长。作为面食地区，"蒸"这种烹饪手法多用于制作主食和糕饼。

除了日常大众熟悉的馒头、包子、花卷之外，还有米糕、烧麦、花馍、莜面窝窝……都是蒸食的主要对象。西安和关中地区特有的传统风味小吃甑糕，则是用糯米、红枣或蜜枣、红豆，置于铁甑上蒸制而成。

中国南方气候高温多雨、耕地多以水稻田为主，原住民多用木甑或竹甑来蒸食米饭，现在贵州、四川、云南、湖北等地的乡村仍在广泛使用。

蒸菜

中国各地方菜系里几乎都有蒸菜，蒸菜不仅用于祭祀祖先、逢年过节、婚丧嫁娶等红白大事，更多应用于日常饮食。流传至今的诸多民间蒸食，尤其是各类杂粮蒸时蔬，往往都带有过去艰辛的时代烙印。

江西宜春，巨锅蒸发糕，寓意蒸蒸日上　　　　　　　蔬菜蒸青粿

每逢灾荒饥馑，百姓常用面或米糊裹着野菜蒸食，既能饱腹，还算可口，粮食又能吃得更久。入春的荠菜、蒿粿、榆钱、槐花；夏天的灰灰菜、萝卜缨子、长豆角，秋季的芹菜叶、番薯叶；还有冬天的萝卜丝，都曾经是应季应景的蒸菜主角。

陕甘一带鲜香洋溢的"洋芋擦擦"，是将土豆切成稍粗的丝，再拌以干面粉上屉蒸熟，是当地妇孺皆知的知名小吃。"野菜馄饨似肉香，秧芽搭饼甜豆浆。炒豆酥香儿叫娘，香辣蒸菜真难忘。"这首鲁南童谣会勾起不少人的故乡情思。江南丘陵或平原地区则多产芋头，蒸熟后给人香、柔、滑、糯的美妙享受，不仅是饥荒年景的救命粮，也属于劳作之余的上等食物。

蜀、楚、吴、粤四大蒸菜体系

经过漫长岁月的磨砺与积淀，蒸菜在中国演变出无穷的花式与花样：清蒸、粉蒸、旱蒸、扣蒸、包蒸、汽蒸……从地域划分，在蒸菜的谱系传承与流派演义中，影响力最大的当属蜀、楚、吴、粤四大地区。

地处中国西南，主要指四川盆地及其附近地区，包括川、渝及陕南、鄂西等地。

巴蜀自古是富足的天府之国，饮食风俗中的坝坝宴阵势之大令人惊叹：经典的上菜顺序是蒸酥肉、蒸浑鸡、蒸浑鸭、蒸鱼、蒸肘子、夹沙肉（甜烧白）、笼笼鲊（粉蒸肉）、扣肉（咸烧白）……如果赶上婚嫁大宴，川人会将宴席一摆直杀出几条街去，最后上席的压轴菜往往是大碗蒸鱼蒸肉。蒸肉以东坡扣肉为首选，辅以梅干菜和芽菜下锅炒香。等带皮的五花猪肉煮熟，淋老抽、下油锅，炸成虎皮状，再将菜肉混合装碗，在大笼屉里蒸熟即可，吃起来肥美而不油腻。

蒸鱼以冬尖蒸江团为上乘，取长江所出的江团，选资中出产的冬菜，以丝瓜铺底，鱼上覆盖五花肉丁和芽菜，佐以胡椒、姜，入笼屉旺火猛蒸，江鱼的新鲜混杂腌菜的咸鲜，呈现出丰富多元的味觉体验。川菜谱系里各类大荤蒸菜洋洋洒洒，但也有清新小品如冻糕，用鲜玉米叶包裹后蒸熟，吃来格外绵软滋润。

四川阆中古城

四川雅安茶山

重庆大足蒸菜

四川广安肖溪镇的坝坝宴席

古楚地西起大巴山、巫山和武陵山，东至大海，南起南岭，北越淮河，跨越辽阔的长江中下游平原和丘陵地区，主要包括现今湖北、湖南全域及江西、安徽等部分地区。

鱼米之乡湘楚大地幅员辽阔，蒸菜也像楚文化一样灿烂夺目。无菜不蒸，无蒸不宴。湖北天门代表着江汉平原的美食风格。著名的沔阳三蒸为蒸肉、蒸鱼、蒸菜（可随意选择苋菜、芋头、南瓜、茼蒿、藕等数十种），蒸菜都裹着捣细的米粉，菜香配上稻米的清香，回味深长。

清蒸武昌鱼是最典型最具代表性的湖北菜之一，鱼以鄂州樊口江河交汇处捕捞的鲜活团头鲂为正宗，鱼身只含十三根半刺。将香菇、冬笋、火腿放入鸡汤内稍烫捞出，入笼以旺火蒸熟，撒上白胡椒粉连同调好的酱油、香醋、姜丝的小味碟上席即成。

作为八大菜系中最火辣的湘菜，腊味合蒸以高温蒸出浓重的腊香，曾是湖南民间蒸菜的代表。剁椒鱼头则后来居上，以鲜美的鳙鱼头，搭配爽辣咸鲜的青红剁椒，征服了天下无数挑剔的舌头，成为湘菜里的经典菜品。

湖北洪湖渔场

沔阳三蒸

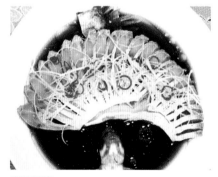

清蒸武昌鱼

剁椒蒸鱼头

浏阳是湖南蒸菜的翘楚，各种菜式洋溢着浓郁的乡野地方气息：干扁豆蒸腊肉丁、清蒸干豆角、清蒸火焙鱼、清蒸空心酸菜、清蒸伏鱼、清蒸黄菜等，无不令人垂涎欲滴。徽菜曾随着徽商走遍中国，主要由皖南、沿江、沿淮三种地方风味组成，以烧、炖、熏、蒸而闻名。徽菜的"蒸"既保持追求原汁原味，更讲究滋补营养，代表菜品糯米圆子寓意团圆美满，是安徽一带春节家宴招待亲友的一款美味佳肴。

糯米圆子

江西以粉蒸菜为特色，竹筒粉蒸肉就算是民间老百姓过节办大事时的桌上大菜，米粉配八角、桂皮等香料炒制研磨，裹在七层五花肉上蒸熟，米粉吸收油脂后减轻了肉的肥腻程度。婺源可以说是江西粉蒸菜的革命根据地，历史上曾经归属安徽，所以菜式承袭了徽派特色。外地食客有心的话，可以尝试当地人用板栗、芋头、萝卜、冬笋与猪肉混合蒸制的菜品，称为"蒸杂碎"。

吴

古时中国东部江浙地区的统称，位于浙北、苏南的环太湖地区及上海全境，长期归属会稽郡、江南东道、两浙路等同一行政区划，至明清才分属浙江，江苏和上海。

淮扬、江浙历来是繁华富庶之地，才子佳人汇聚，蒸菜清雅独具一格。号称"东南第一佳味，天下之至美"的淮扬菜系，有一道代表性的蒸菜名为"翡翠白玉卷"，以白菜包裹猪肉糜、玉米和木耳蒸熟。鲜嫩多汁，口感爽滑，最能让人领略到清鲜精致的淮扬系蒸菜魅力。

清代大才子袁枚的《随园食单》，记载有一道扬州盐商的私房菜。选高邮湖的麻鸭，配上火腿和松茸，加少许料酒后上锅蒸熟，鸭肉入口酥烂，鸭汤鲜美异常。长江鲥

江南水乡，安昌古镇

翡翠白玉卷

鱼以稀为贵，尤受追逐极致鲜味的饕餮客所追捧。其实做法简单，不需加盐，只用豉油蒸制就可突出江鲜的本味。

清蒸太湖白鱼

寻常百姓家常菜也不无风雅，从菜市场采买太湖白鱼，洗净后改刀，配油盐、姜丝腌制后上锅蒸十分钟，鱼肉鲜嫩且带有淡淡的姜丝余香。如果想寻一座名城细品江南蒸菜之美，可选蒸菜之乡常熟，除了人们熟知的神仙草鸡、南腿鸭方等"老八样"，还可以到东乡溯源，领略一品锅融合十二道精致食材的滋味。

金庸在武侠小说《射雕英雄传》中有一个桥段，黄蓉用一道淮扬蒸菜"二十四桥明月夜"，成功引诱丐帮帮主洪七公传授了武功秘籍。美食家蔡澜比较有趣，他还真的挑选一只上好的金华火腿，在上面掏出24个小洞，用雪糕器舀出圆形的豆腐塞入洞中上锅蒸，豆腐在蒸的过程中充分吸收火腿的香味，果然做出了令人食指大动的人间绝味，为江南蒸菜平添了一段佳话。

粤

中国南岭以南，南海之滨。

广东人的"蒸"功夫之所以独步天下，精髓在于他们不必费心食材的选择，因为地处亚热带、濒海且河网密布，物产富饶，食材新鲜易得，无论是生猛海鲜、家禽肉类，还是蔬菜、点心、主食，只需在"蒸"法上动心思，就能成就一番美味。

南粤的早茶食肆，各类蒸笼令人大开眼界，虾饺、肠粉、凤爪、烧卖、豉汁蒸排骨……琳琅满目，嘈杂的市井风情中，浮现出悠然闲适的日常生活态度。就海鲜来说，广东人喜欢清蒸后蘸酱汁，鲜虾要开边后加蒜蓉蒸，冬菇蒸滑鸡、粉丝蒸牛肉丸、马蹄肉饼、瑶柱水蛋等都是人人会做的家常菜。

广东惠州

蒜蓉粉丝蒸虾

广东人蒸鱼有古法蒸和清蒸两种手法，所谓古法就是采用传统技艺，加配豉汁、蚝油、蒜、酱油、红辣椒等调制，出锅后弥漫着一股酱香，但底子仍是清淡。

粤式点心

粤地蒸菜中有一道原笼荷叶腊味蒸田鸡，辅料佐以广东特色的腊肠、腊肉，配冬菇、姜片、葱段等，再用蚝油调味，清香嫩滑。还有改良派荷叶笼仔蒸滑鸡饭，用鲜荷叶裹大米、鸡肉一同蒸熟，是适合上班族的便当。

应季时蔬多用蒜蓉蒸和清蒸大法，蒜蓉和凉瓜、茄瓜、娃娃菜等是绝配。时下流行的梅菜蒸芥蓝，属于脑洞大开的奇特组合，但其新鲜脆嫩的口感着实不错。

南粤特色点心如芋头糕、萝卜糕、松糕、伦教糕等糕点也都是蒸制出来的。

晋、闽、滇三大派系

蜀、楚、吴、粤四大蒸菜体系之外，另有晋、闽、滇三大派系昂然傲立于世，皆有绝技惊艳天下。

晋式三蒸

山西地处中国内陆高原山区，以粉蒸肉、小酥肉和酱梅肉为代表的"晋式三蒸"，是山西民间宴席的底座菜。

"曲院莲叶碧清新，蒸肉犹留荷花香"。并州古城多荷池，荷叶粉蒸肉是当地的时令美食。在忻州定襄一带，粉蒸肉要加入土豆泥和面粉调制，俗称忻定蒸肉，是"九簋八

山西雪景中的村庄

酱梅肉

盘"宴席的主打菜品。清代晋商兴起，富户众多，对饮食也颇为讲究，酱梅肉就属于晋商庄菜代表菜式之一。选用五花肉和酱豆腐汁相蒸，既去腥又提鲜，肉质嫣红粉嫩，口味香烂醇厚，是招待贵客的特色菜品。

位于汾河与黄河交汇处的运城市万荣县有"后土娘娘蒸菜"的传说，当地心灵手巧的主妇们会根据季节不同，采摘荠菜、苜蓿、榆钱、洋槐花、紫槐花和苦苣，洗净拌以面粉，盛于大箅之上，再覆盖一层五花肉，上笼大火蒸一个小时。这种做法看似像民间的拨烂子（裹垒），但是差别就在于最后一道增添五花肉的工序，恰恰是这最后一点差别，让口感得到了更大满足。

闽式八宝

福建翠竹遍野、江河纵横、海岸线漫长、山珍海味富饶，为闽菜系的发展提供了得天独厚的资源条件。

闽菜以烹制山珍海味而著称，在色、香、味、形俱佳的基础上，有着清鲜、荤香、不腻等风格的闽味蒸菜。福建人的年夜饭桌上，最有代表性的是传统蒸菜八宝红鲟饭。八宝红鲟饭主要用

客家土楼

料是糯米和青蟹，以红鲟为主附于鸭肉胗等八种原料与糯米一起蒸熟，材料丰富，烹调细腻，口味咸鲜、软糯、香醇，独具风味。此外，"八宝"还寓意财源滚滚，蕴含着人们对美好生活的期待。

云南气锅

云南地形复杂，高原山地、河流峡谷交错，居住着众多的民族，成就了独特的饮食文化。

地处滇南红河畔的建水，有着上千年的制陶历史。清乾隆年间，名厨杨沥用当地的土陶创制了气锅鸡。这种土陶器皿外观古朴似钵，肚膛扁圆，正中立有一根凸起的空心气嘴，将鸡体切块，加调料等入气锅蒸熟，汤汁清鲜，肉嫩

气锅鸡

香浓，很快就流行于市。聪明的云南人因地取材，在气锅鸡内加入三七（田七）、虫

草、天麻等名贵中药材，形成三七气锅鸡、虫草气锅鸡、天麻气锅鸡等矩阵系列产品，日渐成为云南的一张美食名片。

除此之外，云南蒸菜还有许多精品值得推崇，譬如清蒸鸡枞，选取山珍鸡枞菌及宣威老火腿，菌柄切片，再将火腿切成同等薄片，鸡枞两片中夹火腿一片，整齐装入扣碗，面上放切成小块的菌帽，浇以高汤，入笼蒸熟，翻扣大碗内上桌。菜品红白相间，清香爽口。著名的清蒸乳饼也是类似做法，不过是将鸡枞菌以羊乳饼取而代已，还可将鲜豌豆尖一同入笼蒸熟，增多了些翠绿的色彩。

蒸菜工具

从石器时代伊始，经历青铜器时代、铁器时代，发展至今进入智能电器时代，每一次人类生活的变革，都与生产力的提升紧密相关。以"蒸"为烹饪方式的炊具，也有一条脉络清晰的演进路径。

新石器时代

新石器时代，中国人开始制作陶器，相继发明了陶罐、陶釜、陶鼎、陶鬲、陶甑等炊具，使得在烹制食物时，在烧烤之外有了蒸和煮的选择。

后来，更是将甑置于釜或鬲上变成陶甗，加上陶箅，蒸汽通过箅格和甑孔进入甗内将食物蒸熟。

陶釜

陶鬲

陶甑

青铜时代

商代出现了铜甗，多为甑鬲合铸，连为一体，甑上多立耳，甑体较深。这种甗不仅见于中原，边远地区也有发现。

殷墟出土的这件甑形器，据推测是与鬲或釜类炊具配合使用的，水蒸气通过中空的内柱进入甑内并经由柱头的镂孔散发开来，上部加盖密封，弥漫于内的热量可将食物蒸熟。

铜甗

中国最早的商代汽蒸铜锅

饭甑，外号叫"饭桶"。呈上粗下细的圆桶形，由甑体、甑箅和甑盖三部分组成

工业时代

竹木材质的蒸具虽然具备天然环保等优点，但时间长了容易发霉、变形。工业合金制品则经久耐用，逐渐成为现代人厨房器具的主角。

智能时代

传统的厨房蒸具要想蒸出美味，必须根据食材的不同，掌握好火候和蒸制时间，否则容易出现食物不熟或口感变老。

终于电蒸锅作为一款革命性的饭煲新物种应运而生。

无论庙堂还是江湖，人生得意或失落，终难脱离一日三餐，人间烟火。

元代张弘范有诗："功名归堕甑，便拂袖，不须惊。且书剑蹉跎，林泉笑傲，诗酒飘零。"

一甑一釜，传递着人间烟火，隐藏着华夏文明生生不息的奥秘。

图书在版编目（CIP）数据

中国美食地理 / 艾明著 . —北京：中国轻工业出版社，
2021.1

ISBN 978-7-5184-3301-8

Ⅰ . ①中… Ⅱ . ①艾… Ⅲ . ①饮食 – 文化 – 中国
Ⅳ . ① TS971.2

中国版本图书馆 CIP 数据核字（2020）第 243171 号

责任编辑：王晓琛　　责任终审：劳国强　　版式设计：锋尚设计
责任校对：晋　洁　　责任监印：张京华　　封面设计：奇文云海

出版发行：中国轻工业出版社（北京东长安街6号，邮编：100740）
印　　刷：北京博海升彩色印刷有限公司
经　　销：各地新华书店
版　　次：2021年1月第1版第1次印刷
开　　本：880×1230　1/32　印张：5.5
字　　数：200千字
书　　号：ISBN 978-7-5184-3301-8　定价：58.00元
邮购电话：010-65241695
发行电话：010-85119835　传真：85113293
网　　址：http://www.chlip.com.cn
Email：club@chlip.com.cn
如发现图书残缺请与我社邮购联系调换
190302S1X101ZBW